安阳地区植物资源

王瑞攀　王合现　郭云霞　主编

黄河水利出版社

·郑州·

图书在版编目（CIP）数据

安阳地区植物资源 / 王瑞攀, 王合现, 郭云霞主编.—郑州:黄河水利出版社,2023.4

ISBN 978-7-5509-3548-8

Ⅰ.①安… Ⅱ.①王… ②王… ③郭… Ⅲ.①植物资源-概况-安阳 Ⅳ.①Q948.526.13

中国国家版本馆 CIP 数据核字（2023）第 063831 号

责任编辑　景泽龙　　　　　　　责任校对　兰文峡
封面设计　张心怡　　　　　　　责任监制　常红昕
出版发行　黄河水利出版社
　　　　　地址:河南省郑州市顺河路49号　邮政编码:450003
　　　　　网址:www.yrcp.com　E-mail:hhslcbs@ 126.com
　　　　　发行部电话:0371-66020550
承印单位　河南新华印刷集团有限公司
开　　本　787 mm × 1 092 mm　　1/16
印　　张　12.75
字　　数　220 千字
版次印次　2023 年 4 月第 1 版　　2023 年 4 月第 1 次印刷
定　　价　52.00 元

《安阳地区植物资源》
编委会

前　言

安阳市地处豫晋冀三省交会处，位于我国南北植物区系的重要地理分界线和过渡带的太行山东麓，具有特殊的地质结构和地层岩性条件，地貌类型复杂多样，蕴藏着丰富的资源植物，如药用植物党参、血参、连翘，观赏植物流苏、山丹，野菜植物香椿、野韭菜，油脂植物毛梾、黄连木等。

近年来，作者通过对安阳地区的植物资源进行调查研究，梳理出安阳地区野生植物资源概况和底数。本书从淀粉植物资源、芳香植物资源、药用植物资源、油脂植物资源、纤维植物资源、饲料植物资源、观赏植物资源、用材植物资源、农药植物资源、染料植物资源、鞣料植物资源、野菜植物资源和有毒植物资源等 13 个方面，整理出植物资源类型和种类、数量，并对重点资源植物的形态特征、地理分布、开发利用等方面进行了介绍。本书可供从事林业、园林绿化、生态保护等相关工作和研究的技术人员、植物爱好者等参考使用。

由于时间仓促和技术水平有限，本书在编写过程中难免会出现错误和不当之处，敬请同行和广大读者批评指正。

编　者
2023 年 1 月

目 录

第一章　安阳地区植物资源概述

第一节　自然环境概况

一、地质地貌概况

（一）地理位置

安阳市位于河南省西北部,地理坐标为北纬 35°41′~36°21′,东经 113°38′~114°59′。安阳市下辖林州市、安阳县、滑县、内黄县、汤阴县、文峰区、北关区、殷都区和龙安区等 1 市 4 县 4 区。东与濮阳市接壤,南与鹤壁市、新乡市相连,西隔太行山与山西省长治市相望,北濒漳河,与河北省邯郸市毗邻。京广铁路、京广高铁、京珠高速公路和 107 国道贯穿南北,交通便利,素有豫北要冲、四省通衢之称。辖区南北长 128 km,东西宽 122 km,总面积 7 413 km²。

（二）地质地貌特征

安阳市位于一级构造单元太行山隆起和华北凹陷的中间地带,地处太行山脉与华北平原交界的过渡地带,全境地势西高东低,由西部林州市的太行山区——殷都、龙安的丘陵区——中部安阳市区及周边的华北平原区——东部洼地,呈阶梯状分布。海拔在 50~1 632 m,由山地、丘陵、平原、泊洼四种地貌类型组成,分别占土地总面积的 30%、11%、53% 和 6%。

二、水文概况

安阳市西部山区为受水泄水区,接受大气降水,并转补地下,地面河谷径流稀少。东部平原区,地下水位较高,水量充足,为富水区,但水质多具高硬度、高矿化度。境内的水系分别属于海河流域漳河、卫河水系,境内主要河流有洹河、漳河、卫河、淇河等。洹河是安阳的母亲河,流域面积 1 920 km²,河道长 164 km。南水北调中线工程总干渠工程在安阳市境内全长 66 km。全市水资源总量 7.79 亿 m³,其中地表水资源量 3.42 亿 m³,地下水资源量 5.97 亿 m³,人均当地水资源占有量为全国平均水平的 1/7。

三、气象概况

安阳市地处北暖温带,属大陆性季风气候,四季分明,气温适宜。多年平均气温 12.7~13.7 ℃。安阳市多年平均降水量 560.6 mm,日照时数 2 368~2 526 h,相对湿度 65%~68%,多年平均相对湿度 65%,多年平均风速 1.7~3.5 m/s,多年平均无霜期 201 d。

四、土壤概况

安阳市土壤类型丰富,共有土类 10 种,分别是棕壤、褐土、潮土、粗骨土、石质土、新积土、风沙土、砂姜黑土、水稻土和山地草甸土,共计 28 个亚类、86 个土属。褐土是安阳第一大土类,总面积 20.6 万 hm²,集中分布在京广线以西的山丘区和东部的洪积扇中部以及火龙岗地区。潮土是安阳第二大土类,总面积 16.4 万 hm²,集中分布在卫河以东广大冲积平原和太行山前洪积扇下部以及林州盆地低洼区和河流两侧。石质土土类面积 9.7 万 hm²,为山地土壤,广泛分布于西部山丘区。风沙土土类面积约 6 230 hm²,属于冲积型风沙土,集中分布于内黄县黄河故道区和安阳县的漳河故道区。其他土类面积较小。

第二节　植物资源概况

一、植被类型

安阳地区植被类型属于暖温带落叶阔叶林带,在海拔 1 500 m 以上的山地有少量寒温带针叶林分布,原始植被为天然次生林。在气候、土壤的综合作用下,植物种类繁多,维管束植物 151 科,1 700 种。树种主要有油松、侧柏、杨、鹅耳枥、栓皮栎、刺槐、榆、楸、臭椿、桑等。林下常见的灌木有连翘、绣线菊类、黄栌、胡枝子等,主要草本植物有禾本科、莎草科、菊科、豆科等。

安阳太行山区的植被主要有油松林、侧柏林、栓皮栎林、鹅耳枥林、槲栎林、坚桦林、野核桃林、大果榉林、刺槐林、黄连木林、漆树林、黄栌林、荆条林、三裂绣线菊林、野皂荚林、杭子梢林、少脉雀梅藤林、陕西荚蒾林等。

安阳平原地区的植被以人工栽培为主,主要有杨类林、刺槐林、柳树林、泡桐林、楸树林、国槐林、元宝枫林、白杜林、复叶槭林、楝树林、黄连木、女贞林等;经济林主要有桃、杏、苹果、梨、李、葡萄、山楂、核桃等;草本植物主要有马唐、稗、葎草、蒙古蒿、猪毛蒿、藜、反枝苋、绿穗苋等。

二、植物种类

安阳市位于我国南北植物区系的重要地理分界线和过渡带的太行山东麓,具有特殊的地质构造和地层岩性条件,地貌类型复杂多样,为典型的构造剥蚀地貌。得天独厚的自然条件使得安阳地区不仅具有丰富的生物资源,而且是一些珍奇植物和动物在我国北方生长和分布的北界。经调查统计,安阳地区共有蕨类植物、被子植物和裸子植物 151 科、690 属、1 700 种(含变种、亚种),其中蕨类植物 24 科、51 属、97 种,裸子植物 6 科、9 属、20 种,被子植物 121 科、630 属、1 583 种。

三、资源植物

资源植物是指一切对人类有用的植物资源的总称,是人类赖以生存的"衣、食、住、行"的基础。植物自然资源的拥有量是一个国家及地区综合实力的体现。安阳地区资源植物丰富,分别有淀粉植物、芳香植物、药用植物、油脂植物、纤维植物、饲料及牧草植物、园林绿化观赏植物、用材植物、农药植物、染料植物、鞣料植物、野菜植物、有毒植物等。

第二章 淀粉植物资源

第一节 概 况

淀粉是维管束植物储藏的重要营养物质。植物淀粉可供食用,也是酿造、制药、造纸、印刷、印染、皮革等工业生产的重要原料。植物淀粉主要储藏在植物的种子、果实、块根、块茎、茎皮等器官中。安阳地区淀粉植物资源丰富,据调查统计,该地区分布有野生淀粉植物96种(含亚种、变种及变型),它们分属32科61属(见表2-1)。

表2-1 安阳地区淀粉植物资源种类

序号	科	属	种
1	鳞毛蕨科	贯众属	1
2	银杏科	银杏属	1
3	桦木科	榛属	2
4	壳斗科	栗属	1
5		栎属	7
6	榆科	榆属	1
7	桑科	橙桑属	1
8	毛茛科	类叶升麻属	1
9	蓼科	酸模属	1
		萹蓄属	6
		何首乌属	1
		翼蓼属	1
10	苋科	苋属	2
11	石竹科	麦蓝菜属	1
12	防己科	木防己属	1
13	胡颓子科	沙棘属	
	蔷薇科	地榆属	1
		枸子属	1
		委陵菜属	3

续表 2-1

序号	科	属	种
14	豆科	槐属	1
		葛属	1
		大豆属	1
		豇豆属	1
		野豌豆属	1
		米口袋属	1
		山黧豆属	1
		木蓝属	1
15	牻牛儿苗科	老鹳草属	2
16	夹竹桃科	鹅绒藤属	1
17	旋花科	打碗花属	1
		虎掌藤属	1
18	唇形科	地笋属	1
19	茄科	茄属	1
		假酸浆属	1
20	葫芦科	栝楼属	1
21	桔梗科	桔梗属	1
		沙参属	5
		党参属	2
22	木樨科	女贞属	1
23	菊科	苍术	1
		向日葵属	1
24	泽泻科	泽泻属	1
		慈姑属	1
25	禾本科	野黍属	1
		稗属	2
		燕麦属	2
		白茅属	1
		芦苇属	1
		马唐属	1
		披碱草属	1
		狗尾草属	2
26	莎草科	莎草属	1
		藨草属	1

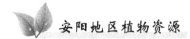

序号	科	属	种
27	香蒲科	香蒲属	2
28	菝葜科	菝葜属	4
29	百合科	百合属	4
30	天门冬科	黄精属	4
		天门冬属	1
		绵枣儿属	1
31	天南星科	天南星属	1
32	薯蓣科	薯蓣属	2

第二节　安阳地区主要淀粉植物简介

一、栓皮栎　*Quercus variabilis*

形态特征:壳斗科落叶乔木,树皮黑褐色,深纵裂,木栓层发达。单叶互生,叶片卵状披针形或长椭圆形,叶缘具刺芒状锯齿,叶背密被灰白色星状茸毛,侧脉明显直达齿端。花单性,花雌雄同株,雄花序为葇荑花序,纤细下垂。坚果具 1 种子,位于多数木质鳞片组成的总苞中,总苞壳斗杯形。坚果近球形或宽卵形。花期 3—4 月,果期次年 9—10 月。

分布范围:产于我国华北以南广大地区。安阳林州太行山区习见,通常生于海拔 1 000 m 以下的山地阳坡,为天然次生林。

植物淀粉:种子含淀粉 50% 以上,可酿酒、制作凉粉及做饲料,也可浆纱。

二、槲栎　*Quercus aliena*

形态特征:壳斗科落叶大乔木。单叶互生,长椭圆状倒卵形至倒卵形,叶缘具波状钝齿,叶背被灰棕色细茸毛。花单性,花雌雄同株,雄花单生或数朵簇生于花序轴;雌花序生于新枝叶腋,单生或 2~3 朵簇生。坚果具 1 种子,位于多数木质鳞片组成的总苞中,壳斗杯形。坚果椭圆形至卵形。花期 4—5月,果期 9—10 月。

分布范围:产于华东、华中、华南、西南等地区。安阳林州太行山区有分布,生于海拔 800 m 以上向阳山坡。

植物淀粉:种子富含淀粉60%以上,可酿酒,制作凉皮、粉条食用,也可制作豆腐及酱油等。

三、蒙古栎 *Quercus mongolica*

形态特征:壳斗科落叶乔木,高达30 m,树皮灰褐色,纵裂。叶片倒卵形至长倒卵形,顶端短钝尖或短突尖,基部窄圆形或耳形,叶缘具钝齿或粗齿;叶柄极短。花单性,花雌雄同株,雄花序常数个集生于当年生枝下部叶腋,雌花序生于新枝上端叶腋。坚果具1种子,位于多数木质鳞片组成的总苞中,壳斗杯形。花期4—5月,果期9月。

分布范围:产于东北、华北、山东等省区。安阳太行山区有分布,生于海拔800 m以上的山地。

植物淀粉:种子富含淀粉50%以上,可酿酒或做饲料等。

四、榆树 *Ulmus pumila*

形态特征:榆科落叶乔木。幼树树皮平滑,大树树皮不规则深纵裂,粗糙。单叶互生,叶椭圆状卵形或卵状披针形,先端渐尖或长渐尖,基部偏斜或近对称,一侧楔形至圆,另一侧圆至半心脏形,边缘具重锯齿或单锯齿,羽状脉,具短叶柄。花先叶开放,在去年生枝的叶腋成簇生状。翅果近圆形。花果期3—6月。

分布范围:分布于东北、华北、西北及西南各省区。安阳地区各县(市、区)广泛分布,为乡土树种,为常见"四旁"树种。野生于海拔1 000 m以下之山坡、山谷、丘陵及岗地等处。

植物淀粉:树皮内含淀粉及黏性物,可磨成粉(称榆皮面)食用,是地方小吃"饸饹面"的主要原料之一。

五、葛藤 *Pueraria montana*(Loureiro)*Merrill*

形态特征:豆科粗壮落叶木质藤本,全体被黄色长硬毛。羽状复叶具3小叶;小叶三裂,偶尔全缘。总状花序,蝶形花,花冠长,紫色。荚果长椭圆形,扁平,被褐色长硬毛。花期9—10月,果期11—12月。

分布范围:产于我国大部分省区。安阳太行山区广泛分布,生于山地疏或密林中。

植物淀粉:根含淀粉30%以上,可制作葛粉食用,也可酿酒。

六、稗 *Echinochloa crus-galli* (L.) P.Beauv.

形态特征:禾本科一年生草本。丛生,秆高可达 1.5 m,光滑无毛,基部倾斜或膝曲。叶鞘疏松裹秆,平滑无毛,下部者长于节间而上部者短于节间;叶舌缺;叶片扁平,线形。圆锥花序直立,近尖塔形。花果期 7—9 月。

分布范围:产于我国大部分省区。安阳地区各县(市、区)习见,广泛分布于平原、山区的田边、沟边、路边、村边,为常见乡间杂草。

植物淀粉:果实含淀粉 50% 以上,可供食用、酿酒或制作麦芽糖。

七、野燕麦 *Avena fatua* L.

形态特征:禾本科一年生。须根。秆直立,光滑无毛,高可达 120 cm,具 2~4 节。叶鞘松弛,光滑或基部者被微毛;叶舌透明膜质;叶片扁平。圆锥花序开展,金字塔形;小穗含 2~3 小花,其柄弯曲下垂,顶端膨胀。小花第一外稃长芒自稃体中部稍下处伸出,膝曲,芒柱棕色,扭转。颖果被淡棕色柔毛。花果期 4—9 月。

分布范围:产于我国大部分省区。安阳地区各县(市、区)习见,广泛分布于平原、山区的田边、沟边、路边、村边、荒地,为常见乡间杂草。

植物淀粉:果实含淀粉 60%,可供食用、酿酒。

八、玉竹 *Polygonatum odoratum*

形态特征:天门冬科多年生草本,根状茎圆柱形。茎高可达 50 cm,具 7~12 叶。叶互生,椭圆形至卵状矩圆形,先端尖,下面带灰白色。花序腋生,具 1~4 花,总花梗无苞片或有条状披针形苞片;花被黄绿色至白色,花被筒较直;花丝丝状,近平滑至具乳头状突起。浆果蓝黑色。花期 5—6 月,果期 7—9 月。

分布范围:产于东北、华北、西北、华东、华中等地区。安阳太行山区有分布,生于山坡、林缘、林下、灌丛。

植物淀粉:根状茎含淀粉约 30%。可供野菜食用,也是传统中药,称"玉竹"。

九、短梗菝葜 *Smilax scobinicaulis*

形态特征:菝葜科落叶攀缘灌木,茎和枝条通常疏生刺或近无刺,较少密生刺,刺针状,梢黑色,茎上的刺有时较粗短。叶卵形或椭圆状卵形,干后有时变为黑褐色,基部钝或浅心形;具叶柄。总花梗很短,一般不到叶柄长度的一半。浆果,黑色。花期 5 月,果期 10 月。

分布范围:产于华北、西南、华中、西北等省区。安阳太行山区有分布,生于海拔 600 m 以上的林下、灌丛或山坡阴处。

植物淀粉:根含淀粉约 30% 以上,可酿酒。

十、薯蓣　*Dioscorea polystachya*

形态特征:薯蓣科多年生缠绕草质藤本。块茎长圆柱形。茎通常带紫红色,右旋,无毛。单叶,在茎下部的互生,中部以上的对生;叶片变异大,卵状三角形至宽卵形或戟形,顶端渐尖,基部深心形、宽心形或近截形。叶腋内常有珠芽。雌雄异株。雄花序为穗状花序,近直立,花序轴明显地呈"之"字状曲折。蒴果三棱形,每棱翅状,外面有白粉;种子四周有膜质翅。花期 6—9 月,果期 7—11 月。

分布范围:分布于东北、华北、华东、华中、华南、西南等省区。安阳太行山区广有分布,生于山坡、山谷林下、路旁的灌丛中或杂草中。

植物淀粉:根状茎含淀粉,可作蔬菜食用,也可酿酒。还可入药,有强壮、祛痰的功效。

第三节　安阳地区淀粉植物名录

鳞毛蕨科 Dryopteridaceae
贯众 *Cyrtomium fortunei* J. Sm.

银杏科 Ginkgoaceae
银杏 *Ginkgo biloba* L.

桦木科 Betulaceae
榛 *Corylus heterophylla* Fisch. ex Trautv.
毛榛 *Corylus mandshurica* Maxim.

壳斗科 Fagaceae
板栗 *Castanea mollissima* Blume
栓皮栎 *Quercus variabilis* Blume

麻栎 *Quercus acutissima* Carr.

槲树 *Quercus dentata* Thunb.

槲栎 *Quercus aliena* Blume

锐齿槲栎 *Quercus aliena* var. *acutiserrata* Maximowicz ex Wenzig

房山栎 *Quercus* × *fangshanensis* Liou

蒙古栎 *Quercus mongolica* Fischer ex Ledebour

榆科 Ulmaceae

白榆 *Ulmus pumila* L.

桑科 Moraceae

柘树 *Maclura tricuspidata* Carriere

毛茛科 Ranunculaceae

类叶升麻 *Actaea asiatica* Hara

蓼科 Polygonaceae

皱叶酸模 *Rumex crispus* L.

羊蹄 *Rumex japonicus* Houtt.

翼蓼 *Pteroxygonum giraldii* Damm. et Diels

萹蓄 *Polygonum aviculare* L.

习见蓼 *Polygonum plebeium* R.Br.

拳参 *Polygonum bistorta* L.

珠芽蓼 *Polygonum viviparum* L.

戟叶蓼 *Polygonum thunbergii* Sieb. et Zucc.

何首乌 *Fallopia multiflora*（Thunb.）Harald.

苋科 Amaranthaceae

尾穗苋 *Amaranthus caudatus* L.

反枝苋 *Amaranthus retroflexus* L.

石竹科 Caryophyllaceae

麦蓝菜 *Vaccaria hispanica*（Miller）Rauschert

防己科 Menispermaceae
木防己 *Cocculus orbiculatus* (L.) DC.

胡颓子科 Elaeagnaceae
中国沙棘 *Hippophae rhamnoides* subsp. sinensis Rousi

蔷薇科 Rosaceae
地榆 *Sanguisorba officinalis* L.
西北栒子 *Cotoneaster zabelii* Schneid.
翻白草 *Potentilla discolor* Bge.
委陵菜 *Potentilla chinensis* Ser.
蕨麻 *Potentilla anserina* L.

豆科 Fabaceae
槐 *Styphnolobium japonicum* (L.) Schott
葛 *Pueraria montana* (Loureiro) Merrill
野大豆 *Glycine soja* Sieb. et Zucc.
歪头菜 *Vicia unijuga* A. Br.
米口袋 *Gueldenstaedtia verna* (Georgi) Boriss.
花木蓝 *Indigofera kirilowii* Maxim. ex Palibin
大山黧豆 *Lathyrus davidii* Hance
贼小豆 *Vigna minima* (Roxb.) Ohwi et Ohashi

牻牛儿苗科 Geraniaceae
毛蕊老鹳草 *Geranium platyanthum* Duthie
粗根老鹳草 *Geranium dahuricum* DC.

夹竹桃科 Apocynaceae
变色白前 *Cynanchum versicolor* Bunge

旋花科 Convolvulaceae
打碗花 *Calystegia hederacea* Wall.

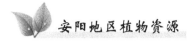

番薯 *Ipomoea batatas* （L.）Lamarck

唇形科 Lamiaceae
地笋 *Lycopus lucidus* Turcz.

茄科 Solanaceae
阳芋 *Solanum tuberosum* L.
假酸浆 *Nicandra physalodes* （L.）Gaertner

葫芦科 Cucurbitaceae
栝楼 *Trichosanthes kirilowii* Maxim.

桔梗科 Campanulaceae
桔梗 *Platycodon grandiflorus* （Jacq.）A. DC.
党参 *Codonopsis pilosula* （Franch.）Nannf.
羊乳 *Codonopsis lanceolata* （Sieb. et Zucc.）Trautv.
荠苨 *Adenophora trachelioides* Maxim.
杏叶沙参 *Adenophora hunanensis* Nannf.
秦岭沙参 *Adenophora petiolata* Pax et Hoffm.
多歧沙参 *Adenophora potaninii* subsp. wawreana
轮叶沙参 *Adenophora tetraphylla* （Thunb.）Fisch.

木樨科 Oleaceae
女贞 *Ligustrum lucidum* Ait.

菊科 Asteraceae
菊芋 *Helianthus tuberosus* L.
苍术 *Atractylodes lancea* （Thunb.）DC.

泽泻科 Alismataceae
泽泻 *Alisma plantago-aquatica* L.
慈姑 *Sagittaria trifolia* L.

禾本科 Poaceae

野黍 *Eriochloa villosa*（Thunb.）Kunth

稗 *Echinochloa crus-galli*（L.）P. Beauv.

光头稗 *Echinochloa colona*（Linnaeus）Link

野燕麦 *Avena fatua* L.

雀麦 *Bromus japonicus* Thunb. ex Murr.

白茅 *Imperata cylindrica*（L.）Beauv.

芦苇 *Phragmites australis*（Cav.）Trin. ex Steud.

马唐 *Digitaria sanguinalis*（L.）Scop.

鹅观草 *Elymus kamoji*（Ohwi）S. L. Chen

狗尾草 *Setaria viridis*（L.）Beauv.

金色狗尾草 *Setaria pumila*（Poiret）Roemer & Schultes

莎草科 Cyperaceae

香附子 *Cyperus rotundus* L.

荆三棱 *Bolboschoenus yagara*（Ohwi）Y. C. Yang & M. Zhan

香蒲科 Typhaceae

香蒲 *Typha orientalis* Presl

宽叶香蒲 *Typha latifolia* L.

菝葜科 Smilacaceae

鞘柄菝葜 *Smilax stans* Maxim.

短梗菝葜 *Smilax scobinicaulis* C. H. Wright

黑果菝葜 *Smilax glaucochina* Warb.

华东菝葜 *Smilax sieboldii* Miq.

百合科 Liliaceae

卷丹 *Lilium tigrinum* Ker Gawler

大百合 *Cardiocrinum giganteum*（Wall.）Makino

山丹 *Lilium pumilum* DC.

渥丹 *Lilium concolor* Salisb.

天门冬科 Asparagaceae

黄精 *Polygonatum sibiricum* Delar. ex Redoute

二苞黄精 *Polygonatum involucratum*（Franch.et Sav.）Maxim.

轮叶黄精 *Polygonatum verticillatum*（L.）All.

玉竹 *Polygonatum odoratum*（Mill.）Druce

天门冬 *Asparagus cochinchinensis*（Lour.）Merr.

绵枣儿 *Scilla scilloides* Druce

天南星科 Araceae

天南星 *Arisaema heterophyllum* Blume

薯蓣科 Dioscoreaceae

薯蓣 *Dioscorea polystachya* Turczaninow

穿龙薯蓣 *Dioscorea nipponica* Makino

第三章 芳香植物资源

第一节 概 况

芳香植物,又称香料植物,是指植物的花、果、叶、根、树皮等某类器官内含有芳香气味的挥发油,可提取工业用芳香油或食用香料的植物。芳香植物是食品、饮料、化妆品、香烟等工业重要原材料。安阳地区芳香植物非常丰富,据调查统计,该地区分布有野生芳香植物98种(含亚种、变种及变型),它们分属26科(见表3-1)。

表3-1 安阳地区芳香植物资源种类

序号	科	种	说明
1	松科 Pinaceae	1	
2	柏科 Cupressaceae	2	
3	红豆杉科 Taxaceae	1	
4	金粟兰科 Chloranthaceae	1	
5	苋科 Amaranthaceae	2	
6	木兰科 Magnoliaceae	3	均为栽培
7	五味子科 Schisandraceae	2	
8	石竹科 Caryophyllaceae	1	
9	芸香科 Rutaceae	5	
10	安息香科 Styracaceae	1	
11	漆树科 Anacardiaceae	3	
12	伞形科 Apiaceae	10	1种栽培
13	楝科 Meliaceae	2	
14	蔷薇科 Rosaceae	6	3种为栽培
15	豆科 Fabaceae	3	
16	猕猴桃科 Actinidiaceae	1	
17	马鞭草科 Verbenaceae	4	
18	夹竹桃科 Apocynaceae	2	

续表 3-1

序号	科	种	说明
19	唇形科 Lamiaceae	20	
20	木樨科 Oleaceae	6	1 种栽培
21	忍冬科 Caprifoliaceae	3	
22	菊科 Asteraceae	15	
23	莎草科 Cyperaceae	1	
24	菖蒲科 Acoraceae	1	
25	百合科 Liliaceae	1	
26	天门冬科 Asparagaceae	1	

第二节　安阳地区主要芳香植物简介

一、侧柏 *Platycladus orientalis*

形态特征：柏科常绿乔木；树皮浅灰褐色，纵裂成条片；小枝扁平，排成一平面，直展。叶鳞形，交互对生；小枝上下两面中央的叶的露出部分呈倒卵状菱形或斜方形，两侧的叶船形，叶背均有腺槽。花雌雄同株，球花单生枝顶部；雄球花黄色，卵圆形；雌球花近球形，蓝绿色，被白粉。球果近卵圆形，蓝绿色，被白粉，成熟后木质，开裂，红褐色；种子卵圆形或近椭圆形，稍有棱脊，无翅或有极窄之翅。花期 3—4 月，球果当年 10 月成熟。

分布范围：产于全国大部分地区。安阳地区各县(市、区)广为分布，多为栽培；侧柏为安阳地区石炭岩山地、困难地造林主要树种之一。

资源应用：侧柏木材、枝叶均含芳香类物质。枝叶可提取芳香类物质，可作制皂香精的原料；叶与果可制作祭祀用柏香；木材可提取柏木油，可作香料、化妆品的配料。

二、香薷 *Elsholtzia ciliata*

形态特征：唇形科一年生直立草本。茎钝四棱形，具槽，常呈麦秆黄色，老时变紫褐色。叶卵形或椭圆状披针形，先端渐尖，基部楔状下延成狭翅，边缘具锯齿；叶柄背平腹凸，边缘具狭翅，疏被小硬毛。穗状花序偏向一侧，由多花的轮伞花序组成。花冠淡紫色，冠檐二唇形。小坚果长圆形，棕黄色，光滑。

花期7—10月,果期10月至次年1月。

分布范围:我国大部分省区都有分布。安阳太行山区有分布,生于山坡、荒地、林内、河岸。

资源应用:香薷茎叶含芳香油,可提取香薷油,供香料用。

三、薄荷　*Mentha canadensis* Linnaeus

形态特征:唇形科多年生草本。茎直立,锐四棱形,具四槽。单叶对生,叶片长圆状披针形或卵状披针形,先端锐尖,基部楔形至近圆形,边缘在基部以上疏生粗大的牙齿状锯齿。轮伞花序腋生,轮廓球形。花冠淡紫,冠檐4裂。小坚果卵珠形,黄褐色,具小腺窝。花期7—9月,果期10月。

分布范围:产于我国南北各地。安阳地区各县(市、区)均有分布,生于水旁潮湿地。

资源应用:枝叶含芳香类物质,提取可用于食品、牙膏、饮料及医药用品。

四、裂叶荆芥　*Nepeta tenuifolia* Bentham

形态特征:唇形科一年生草本。茎四棱形,多分枝,被灰白色疏短柔毛,茎下部的节及小枝基部通常微红色。单叶对生,叶通常为指状三裂,先端锐尖,基部楔状渐狭并下延至叶柄,裂片披针形,上面暗橄榄绿色,被微柔毛,下面带灰绿色,被短柔毛。花序为多数轮伞花序组成的顶生穗状花序。花冠青紫色,冠檐二唇形。小坚果长圆状三棱形,褐色,有小点。花期7—9月,果期在9月以后。

分布范围:产于东北、华北、西北、西南等地区。安阳太行山区有分布,生于山坡路边或山谷、林缘。

资源应用:茎叶含芳香油。

五、茵陈蒿　*Artemisia capillaris* Thunb.

形态特征:菊科半灌木状草本,植株有浓烈的香气。主根明显木质,垂直或斜向下伸长;根茎直立,常有细的营养枝。茎单生或少数,红褐色或褐色,有不明显的纵棱,基部木质,上部分枝多,向上斜伸展;茎、枝初时密生灰白色或灰黄色绢质柔毛,后渐稀疏或脱落无毛。营养枝端有密集叶丛,基生叶密集着生,常成莲座状;基生叶、茎下部叶与营养枝叶两面均被棕黄色或灰黄色绢质柔毛,叶卵圆形或卵状椭圆形,二至回羽状全裂,小裂片狭线形或狭线状披针形;中部叶宽卵形、近圆形或卵圆形,一至二回羽状全裂,小裂片狭线形或丝线

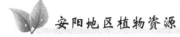

形。头状花序卵球形。瘦果长圆形或长卵形。花果期7—10月。

分布范围：产于东北、华北、华东、中南、华南、西南等地区。安阳各县(市、区)广泛分布。

资源应用：茎叶含芳香油,供配置香皂、香水、香精用。

六、大籽蒿　*Artemisia sieversiana* Ehrhart ex Willd.

形态特征：菊科二年生草本植物。茎单生,直立,纵棱明显,分枝多;茎、枝被灰白色微柔毛。下部与中部叶宽卵形或宽卵圆形,两面被微柔毛,二至三回羽状全裂;上部叶及苞片叶羽状全裂或不分裂,而为椭圆状披针形或披针形,无柄。头状花序大,多数,半球形或近球形。瘦果长圆形。花果期6—10月。

分布范围：东北、西北、华北等地区。安阳太行山区有分布。

资源应用：全株含芳香油,可供制皂和香精。

七、花椒　*Zanthoxylum bungeanum* Maxim.

形态特征：芸香科落叶小乔木;茎干和枝有短刺,小枝上的刺基部宽而扁呈劲直的长三角形。羽状复叶,叶轴常有甚狭窄的叶翼;小叶对生,无柄,卵形,椭圆形,叶缘有细裂齿,齿缝有油点。花序顶生或生于侧枝之顶,花被片黄绿色。蓇葖果,果紫红色,散生微凸起的油点,顶端有甚短的芒尖或无。花期4—5月,果期9—10月。

分布范围：产于我国大部分地区。安阳地区广泛分布。

资源应用：果实含精油,可调配香精,也可作食用调味品。

八、大齿当归　*Ostericum grosseserratum*（Maxim.）Kitagawa

形态特征：伞形科多年生草本。根细长,圆锥状或纺锤形,单一或稍有分枝。茎直立,圆管状,有浅纵沟纹,上部开展,叉状分枝。除花序下稍有短糙毛外,其余部分均无毛。单叶互生。叶有柄,基部有狭长而膨大的鞘,边缘白色,透明;叶片轮廓为广三角形,薄膜质,二至三回三出式分裂。复伞形花序;花白色;萼齿三角状卵形,锐尖,宿存;花瓣倒卵形,顶端内折;花柱基圆垫状,花柱短,叉开。分生果广椭圆形,基部凹入,背棱突出,尖锐,侧棱为薄翅状,与果体近等宽。花期7—9月,果期8—10月。

分布范围：产于东北、华北、华中、华东等地区。安阳太行山地区有分布,生长于山坡、草地、溪沟旁、林缘灌丛中。

资源应用：果实、根、茎、叶均含芳香油,有浓郁香气,可调合香精。

九、苍术 *Atractylodes lancea*（Thunb.）DC.

形态特征：菊科多年生草本。根状茎平卧或斜升,粗长或通常呈疙瘩状,生多数等粗等长或近等长的不定根。茎直立,单生或少数茎成簇生,下部或中部以下常紫红色。单叶互生,基部叶花期脱落;中下部茎叶羽状深裂或半裂,基部楔形或宽楔形,几无柄,扩大半抱茎,或基部渐狭成叶柄;中部以上或仅上部茎叶不分裂,倒长卵形或长椭圆形,有时基部或近基部有1~2对三角形刺齿或刺齿状浅裂。或全部茎叶不裂,中部茎叶倒卵形、长倒卵形、倒披针形或长倒披针形。全部叶质地硬,硬纸质,两面同色,绿色,无毛,边缘或裂片边缘有针刺状缘毛或三角形刺齿或重刺齿。头状花序单生茎枝顶端。瘦果倒卵圆状,被稠密的顺向贴伏的白色长直毛,有时变稀毛。冠毛刚毛褐色或污白色,羽毛状。花果期6—10月。

分布范围：产于东北、华北、华中、华东等地区。安阳太行山地区有分布,生于山坡草地、林下、灌丛及岩缝隙中。

资源应用：根茎含芳香油,可配制香精。

十、蒙古蒿 *Artemisia mongolica*（Fisch.ex Bess.）Nakai

形态特征：菊科多年生草本。根细,侧根多;根状茎短,半木质化,有少数营养枝。茎少数或单生,具明显纵棱;分枝多,斜向上或略开展;茎、枝初时密被灰白色蛛丝状柔毛。单叶互生,叶纸质或薄纸质,上面绿色,背面密被灰白色蛛丝状茸毛;下部叶卵形或宽卵形,二回羽状全裂或深裂;中部叶卵形、近圆形或椭圆状卵形,一至二回羽状分裂;上部叶与苞片叶卵形或长卵形,羽状全裂或5或3全裂。头状花序多数,椭圆形。瘦果小,长圆状倒卵形。花果期8—10月。

分布范围：产于东北、华北、华中、华东等地区。安阳太行山地区广有分布,生于山坡、灌丛、河湖岸边及路旁等。

资源应用：全株含芳香油。

第三节　安阳地区芳香植物名录

松科 **Pinaceae**

油松 *Pinus tabuliformis* Carriere

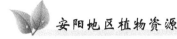

柏科 Cupressaceae

侧柏 *Platycladus orientalis*（L.）Franco

圆柏 *Juniperus chinensis* L.

红豆杉科 Taxaceae

南方红豆杉 *Taxus wallichiana* var. mairei

金粟兰科 Chloranthaceae

银线草 *Chloranthus japonicus* Sieb.

苋科 Amaranthaceae

土荆芥 *Dysphania ambrosioides*

木兰科 Magnoliaceae

望春玉兰 *Yulania biondii*（Pamp.）D. L. Fu

白玉兰 *Yulania denudata*（Desr.）D. L. Fu

紫玉兰 *Yulania liliiflora*（Desrousseaux）D. L. Fu

五味子科 Schisandraceae

五味子 *Schisandra chinensis*（Turcz.）Baill.

华中五味子 *Schisandra sphenanthera* Rehd. et Wils.

石竹科 Caryophyllaceae

石竹 *Dianthus chinensis* L.

芸香科 Rutaceae

花椒 *Zanthoxylum bungeanum* Maxim.

野花椒 *Zanthoxylum simulans* Hance

竹叶花椒 *Zanthoxylum armatum* DC.

臭檀吴萸 *Tetradium daniellii*（Bennett）T. G. Hartley

枳 *Citrus trifoliata* L.

安息香科 Styracaceae

玉铃花 *Styrax obassis* Siebold & Zuccarini

漆树科 Anacardiaceae

毛黄栌 *Cotinus coggygria* var. *pubescens* Engl.

红叶 *Cotinus coggygria* var. *cinerea* Engl.

黄连木 *Pistacia chinensis* Bunge

伞形科 Apiaceae

藁本 *Ligusticum sinense* Oliv.

石防风 *Peucedanum terebinthaceum*（Fisch.）Fisch. ex Turcz.

白芷 *Angelica dahurica*（Fisch. ex Hoffm.）Benth. et Hook. f. ex Franch.e

蛇床 *Cnidium monnieri*（L.）Cuss.

芫荽 *Coriandrum sativum* L.

茴香 *Foeniculum vulgare* Mill.

前胡 *Peucedanum praeruptorum* Dunn

小窃衣 *Torilis japonica*（Houtt.）DC.

野胡萝卜 *Daucus carota* L.

大齿山芹 *Ostericum grosseserratum*（Maxim.）Kitagawa

楝科 Meliaceae

香椿 *Toona sinensis*（A.Juss.）Roem.

楝 *Melia azedarach* L.

蔷薇科 Rosaceae

野蔷薇 *Rosa multiflora* Thunb.

美蔷薇 *Rosa bella* Rehd.et Wils.

黄刺玫 *Rosa xanthina* Lindl.

玫瑰 *Rosa rugosa* Thunb.

香水月季 *Rosa odorata*（Andr.）Sweet.

木香 *Rosa banksiae* Ait.

豆科 Fabaceae

刺槐 *Robinia pseudoacacia* L.

紫穗槐 *Amorpha fruticosa* L.

草木樨 *Melilotus officinalis*（L.）Pall.

猕猴桃科 Actinidiaceae

软枣猕猴桃 *Actinidia arguta*（Sieb. et Zucc.）Planch. ex Miq.

马鞭草科 Verbenaceae

黄荆 *Vitex negundo* L.

牡荆 *Vitex negundo* var. *cannabifolia*（Sieb. et Zucc.）Hand.-Mazz.

荆条 *Vitex negundo* var. *heterophylla*（Franch.）Rehd.

马鞭草 *Verbena officinalis* L.

夹竹桃科 Apocynaceae

变色白前 *Cynanchum versicolor* Bunge

络石 *Trachelospermum jasminoides*（Lindl.）Lem.

唇形科 Lamiaceae

三花莸 *Caryopteris terniflora* Maxim.

水棘针 *Amethystea caerulea* L.

藿香 *Agastache rugosa*（Fisch. et Mey.）O. Ktze.

裂叶荆芥 *Nepeta tenuifolia* Bentham

百里香 *Thymus mongolicus* Ronn.

薄荷 *Mentha canadensis* Linnaeus

留兰香 *Mentha spicata* L.

罗勒 *Ocimum basilicum* L.

黄芩 *Scutellaria baicalensis* Georgi

香青兰 *Dracocephalum moldavica* L.

毛建草 *Dracocephalum rupestre* Hance

紫苏 *Perilla frutescens*（L.）Britt.

荆芥 *Nepeta cataria* L.

石荠苎 *Mosla scabra*（Thunb.）C. Y. Wu et H. W. Li

野草香 *Elsholtzia cyprianii*（Pavolini）S. Chow ex P. S. Hsu

木香薷 *Elsholtzia stauntonii* Benth.

香薷 *Elsholtzia ciliata*（Thunb.）Hyland.

碎米桠 *Isodon rubescens*（Hemsley）H. Hara

内折香茶菜 *Isodon inflexus*（Thunberg）Kudo

蓝萼毛叶香茶菜 *Isodon japonicus* var. *glaucocalyx*（Maximowicz）H. W. Li

木樨科 Oleaceae

流苏树 *Chionanthus retusus* Lindl. et Paxt.

女贞 *Ligustrum lucidum* Ait.

北京丁香 *Syringa reticulata* subsp. pekinensis

紫丁香 *Syringa oblata* Lindl.

小叶丁香 *Syringa pubescens* subsp. microphylla

桂花 *Osmanthus fragrans*（Thunb.）Loureiro

忍冬科 Caprifoliaceae

缬草 *Valeriana officinalis* L.

金银花 *Lonicera japonica* Thunb.

金银木 *Lonicera maackii*（Rupr.）Maxim.

菊科 Asteraceae

茵陈蒿 *Artemisia capillaris* Thunb.

黄花蒿 *Artemisia annua* L.

青蒿 *Artemisia caruifolia* Buch.-Ham. ex Roxb.

蒙古蒿 *Artemisia mongolica*（Fisch. ex Bess.）Nakai

艾 *Artemisia argyi* Lévl. et Van.

野艾蒿 *Artemisia lavandulifolia* Candolle

白莲蒿 *Artemisia stechmanniana* Bess.

大籽蒿 *Artemisia sieversiana* Ehrhart ex Willd.

佩兰 *Eupatorium fortunei* Turcz.

野菊 *Chrysanthemum indicum* Linnaeus

甘菊 *Dendranthema lavandulifolium*

甘野菊 *Dendranthema lavandulifolium* Ling et Shih var. *seticuspe*

23

苍术 *Atractylodes lancea*（Thunb.）DC.
鬼针草 *Bidens pilosa* L.
牡蒿 *Artemisia japonica* Thunb.

莎草科 Cyperaceae
香附子 *Cyperus rotundus* L.

菖蒲科 Acoraceae
菖蒲 *Acorus calamus* L.

百合科 Liliaceae
山丹 *Lilium pumilum* DC.

天门冬科 Asparagaceae
铃兰 *Convallaria majalis* L.

第四章 药用植物资源

第一节 概 况

中草药被称为中国的国粹。安阳地区药用植物非常丰富。据调查统计，安阳地区分布有药用植物 665 种（含亚种、变种及变型），它们分属 123 科（见表 4-1）。

表 4-1 安阳地区药用植物资源种类

序号	科	种	说明
1	石松科 Lycopodiaceae	1	
2	卷柏科 Selaginellaceae	6	
3	碗蕨科 Dennstaedtiaceae	1	
4	球子蕨科 Onocleaceae	2	
5	水龙骨科 Polypodiaceae	4	
6	木贼科 Equisetaceae	2	
7	凤尾蕨科 Pteridaceae	7	
8	蹄盖蕨科 Athyriaceae	3	
9	瓶尔小草科 Ophioglossaceae	1	
10	冷蕨科 Cystopteridaceae	1	
11	肿足蕨科 Hypodematiaceae	2	
12	铁角蕨科 Aspleniaceae	4	
13	鳞毛蕨科 Dryopteridaceae	5	
14	岩蕨科 Woodsiaceae	1	
15	槐叶蘋科 Salviniaceae	3	
16	银杏科 Ginkgoaceae	1	
17	松科 Pinaceae	2	
18	柏科 Cupressaceae	2	
19	红豆杉科 Taxaceae	1	
20	金粟兰科 Chloranthaceae	1	

续表 4-1

序号	科	种	说明
21	杨柳科 Salicaceae	4	
22	胡桃科 Juglandaceae	3	
23	桦木科 Betulaceae	5	
24	壳斗科 Fagaceae	3	
25	榆科 Ulmaceae	2	
26	大麻科 Cannabaceae	4	
27	桑科 Moraceae	5	
28	荨麻科 Urticaceae	5	
29	檀香科 Santalaceae	3	
30	马兜铃科 Aristolochiaceae	2	
31	蓼科 Polygonaceae	18	
32	苋科 Amaranthaceae	14	
33	商陆科 Phytolaccaceae	1	
34	马齿苋科 Portulacaceae	1	
35	石竹科 Caryophyllaceae	16	
36	领春木科 Eupteleaceae	1	
37	金鱼藻科 Ceratophyllaceae	1	
38	毛茛科 Ranunculaceae	27	
39	木通科 Lardizabalaceae	1	
40	小檗科 Berberidaceae	4	
41	防己科 Menispermaceae	2	
42	五味子科 Schisandraceae	2	
43	罂粟科 Papaveraceae	9	
44	白花菜科 Cleomaceae	1	
45	十字花科 Brassicaceae	20	
46	景天科 Crassulaceae	6	
47	扯根菜科 Penthoraceae	1	
48	虎耳草科 Saxifragaceae	4	
49	蔷薇科 Rosaceae	26	
50	豆科 Fabaceae	40	

续表 4-1

序号	科	种	说明
51	酢浆草科 Oxalidaceae	1	
52	牻牛儿苗科 Geraniaceae	4	
53	野亚麻科 Linaceae	1	
54	蒺藜科 Zygophyllaceae	1	
55	芸香科 Rutaceae	5	
56	苦木科 Simaroubaceae	1	
57	楝科 Meliaceae	2	
58	远志科 Polygalaceae	3	
59	叶下珠科 Phyllanthaceae	3	
60	大戟科 Euphorbiaceae	9	
61	漆树科 Anacardiaceae	5	
62	卫矛科 Celastraceae	6	
63	省沽油科 Staphyleaceae	1	
64	无患子科 Sapindaceae	2	
65	凤仙花科 Balsaminaceae	1	
66	鼠李科 Berchemia	7	
67	葡萄科 Vitaceae	8	
68	锦葵科 Malvaceae	10	
69	猕猴桃科 Actinidiaceae	1	
70	柽柳科 Tamaricaceae	1	
71	堇菜科 Violaceae	6	
72	秋海棠科 Begoniaceae	1	
73	瑞香科 Thymelaeaceae	2	
74	胡颓子科 Elaeagnaceae	1	
75	千屈菜科 Lythraceae	4	
76	柳叶菜科 Onagraceae	1	
77	五加科 Araliaceae	1	
78	伞形科 Apiaceae	18	
79	山茱萸科 Cornaceae	3	
80	杜鹃花科 Ericaceae	1	
81	报春花科 Primulaceae	3	

续表 4-1

序号	科	种	说明
82	柿树科 Ebenaceae	2	
83	木樨科 Oleaceae	5	
84	龙胆科 Gentianaceae	4	
85	睡菜科 Menyanthaceae	1	
86	夹竹桃科 Apocynaceae	12	
87	旋花科 Convolvulaceae	6	
88	紫草科 Boraginaceae	7	
89	马鞭草科 Verbenaceae	1	
90	唇形科 Lamiaceae	38	
91	茄科 Solanaceae	11	
92	玄参科 Scrophulariaceae	12	
93	紫薇科 Bignoniaceae	3	
94	列当科 Orobanchaceae	1	
95	苦苣苔科 Gesneriaceae	2	
96	透骨草科 Phrymaceae	1	
97	车前科 Plantaginaceae	3	
98	茜草科 Rubiaceae	7	
99	忍冬科 Caprifoliaceae	6	
100	五福花科 Adoxaceae	2	
101	葫芦科 Cucurbitaceae	4	
102	桔梗科 Campanulaceae	10	
103	菊科 Asteraceae	72	
104	香蒲科 Typhaceae	4	
105	眼子菜科 Potamogetonaceae	2	
106	泽泻科 Alismataceae	2	
107	水鳖科 Hydrocharitaceae Juss.	1	
108	禾本科 Poaceae	14	
109	莎草科 Cyperaceae	2	
110	菖蒲科 Acoraceae	1	
111	天南星科 Araceae	6	
112	鸭跖草科 Commelinaceae	2	

续表 4-1

序号	科	种	说明
113	藜芦科 Melanthiaceae	4	
114	石蒜科 Amaryllidaceae	2	
115	阿福花科 Asphodelaceae	2	
116	秋水仙科 Colchicaceae	1	
117	沼金花科 Nartheciaceae	1	
118	天门冬科 Asparagaceae	12	
119	百合科 Liliaceae	5	
120	菝葜科 Smilacaceae	3	
121	薯蓣科 Dioscoreaceae	2	
122	鸢尾科 Iridaceae	2	
123	兰科 Orchidaceae	2	

第二节　安阳地区主要药用植物简介

一、血参 *Salvia miltiorrhiza* Bunge

形态特征:唇形科多年生直立草本;根肥厚,肉质,外面朱红色,内面白色。茎直立,四棱形,具槽,密被长柔毛,多分枝。叶常为奇数羽状复叶,小叶卵圆形或椭圆状卵圆形,先端锐尖或渐尖,基部圆形或偏斜,边缘具圆齿,草质,两面被疏柔毛。轮伞花序。花萼钟形,带紫色。花冠紫蓝色,冠檐二唇形。小坚果黑色,椭圆形。花期4—8月,果期5—9月。

分布范围:产于华北、西北、华东、中南等地区。安阳太行山区有分布,生于山坡、林下草丛。

药用价值:根入药,为强壮性通经剂,有祛瘀、生新、活血、调经等效用,为妇科用药,主治子宫出血、月经不调、血瘀、腹痛、经痛、经闭、庙痛。

二、碎米桠 *Isodon rubescens*（Hemsley）H.Hara

形态特征:唇形科落叶小灌木;根茎木质,有长纤维状须根。茎直立,多数,基部近圆柱形,无毛,皮层纵向剥落,上部多分枝,分枝具花序,茎上部及分枝均四棱形,具条纹。茎叶对生,卵圆形或菱状卵圆形,先端锐尖或渐尖,后一情况顶端一齿较长,基部宽楔形,骤然渐狭下延成假翅,边缘具粗圆齿状锯齿,齿尖具胼胝体,膜质至坚纸质,上面榄绿色,疏被小疏柔毛及腺点,下面淡绿色,密被灰白色短茸毛至近无毛。聚伞花序。花萼钟形。花冠长冠檐二唇形。小坚果倒卵状三棱形。花期7—10月,果期8—11月。

分布范围:产于山西、华中、西北、华东、西南等地区。安阳林州太行山区广为分布,生于山坡、灌木丛、林地、砾石地及路边等向阳处。

药用价值:全草入药。对急慢性咽炎、急性扁桃腺炎、慢性肝炎、气管炎均有治疗作用。

三、北柴胡 *Bupleurum chinense* DC.

形态特征:伞形科柴胡属多年生草本植物。主根坚硬较粗大,棕褐色,茎表面有细纵槽纹,实心。单叶互生,基生叶倒披针形或狭椭圆形,顶端渐尖,基部收缩成柄,叶表面鲜绿色,背面淡绿色,常有白霜;茎顶部叶同形,复伞形花序,花序梗细,水平伸出,形成疏松的圆锥状;总苞片甚小,狭披针形,花瓣鲜黄色,上部向内折,中肋隆起,花柱基深黄色,果广椭圆形,棕色,9月开花,10月结果。

分布范围:产于我国东北、华北、西北、华东和华中各地。安阳太行山区广为分布,生长于向阳山坡路边、林缘、草丛中。

药用价值:根入药。根含桔梗皂甙,有止咳、祛痰、消炎等效用。

四、桔梗 *Platycodon grandiflorus*

形态特征:桔梗科多年生草本,茎不分枝,极少上部分枝。单叶,全部轮生或部分轮生,无柄或有极短的柄,叶片卵形,卵状椭圆形至披针形,基部宽楔形至圆钝,顶端急尖,上面无毛而绿色,下面常无毛而有白粉,有时脉上有短毛或瘤突状毛,边缘具细锯齿。花单朵顶生,或数朵集成假总状花序,或有花序分枝而集成圆锥花序;花萼筒部半圆球状或圆球状倒锥形,被白粉,裂片三角形,或狭三角形,有时齿状;花冠大,蓝色或紫色。蒴果球状,或球状倒圆锥形,或倒卵状。花期7—9月。

分布范围:产于东北、华北、华东、华中、华南、西南等地区。安阳太行山区广为分布,生于山坡、草丛。

药用价值:根入药。根含桔梗皂甙,有止咳、祛痰、消炎等效用。

五、党参　*Codonopsis pilosula*（Franch.）Nannf.

形态特征:桔梗科多年生草本植物,有乳汁。茎基具多数瘤状茎痕,根常肥大呈纺锤状或纺锤状圆柱形,肉质。茎缠绕,有多数分枝。单叶,互生,叶在主茎及侧枝上的互生,在小枝上的近于对生。花单生于枝端,与叶柄互生或近于对生,有梗。花冠阔钟状,黄绿色,内面有明显紫斑。蒴果下部半球状,上部短圆锥状。种子多数,卵形,无翼,细小,棕黄色,光滑无毛。花果期7—10月。

分布范围:产于东北、华北、西北、西南等地区。安阳太行山区有分布,生于山坡、草丛、林缘。

药用价值:根入药。党参为中国常用的传统补益药,具有补中益气、健脾益肺之功效。

六、苍术　*Atractylodes lancea*（Thunb.）DC.

形态特征:菊科多年生草本。根状茎平卧或斜升,粗长或通常呈疙瘩状。茎直立,单生或少数茎成簇生,下部或中部以下常紫红色。单叶互生,基部叶花期脱落;中下部茎叶羽状深裂或半裂,基部楔形或宽楔形,几无柄,扩大半抱茎,或基部渐狭成叶柄;有时中下部茎叶不分裂;中部以上或仅上部茎叶不分裂,倒长卵形、倒卵状长椭圆形或长椭圆形。或全部茎叶不裂,中部茎叶倒卵形、长倒卵形、倒披针形或长倒披针形。全部叶质地硬,硬纸质,两面绿色,无毛,边缘或裂片边缘有针刺状缘毛或三角形刺齿或重刺齿。头状花序单生茎枝顶端,小花白色。瘦果倒卵圆状,被稠密的顺向贴伏的白色长直毛。花果期6—10月。

分布范围:产于东北、华北、华东、华中、华南、西南等地区。安阳太行山区有分布,生于山坡草地、林下、灌丛及岩缝隙中。

药用价值:苍术根状茎入药,为运脾药,性味苦温辛烈,有燥湿、化浊、止痛之效。

七、前胡　*Peucedanum praeruptorum* Dunn

形态特征:伞形科前胡属多年生草本植物,高可达1 m。根颈粗壮,茎灰褐色,根圆锥形,茎圆柱形,基生叶具长柄,叶片轮廓宽卵形或三角状卵形,三出式二至三回分裂,先端渐尖,基部楔形至截形,边缘圆锯齿,两面无毛,叶鞘稍宽,边缘膜质,复伞形花序多数,顶生或侧生,伞形花序,总苞片线形;伞辐不等长,小伞形花序有花;花瓣卵形,白色;花柱短,弯曲,圆锥形。果实卵圆形,棕色,8—9月开花,10—11月结果。

分布范围:产于西北、中南、华东、西南等地区。安阳太行山区有分布,生于山坡草地、林下、灌丛。

药用价值:根供药用,为常用中药。能解热、祛痰,治感冒咳嗽、支气管炎及疖肿。

八、白芷 *Angelica dahurica* Benth. et Hook. f. ex Franch. e

形态特征:伞形科多年生高大草本。根圆柱形,有分枝,有浓烈气味。茎基部通常带紫色,中空,有纵长沟纹。基生叶一回羽状分裂,有长柄,叶柄下部有管状抱茎边缘膜质的叶鞘;茎上部叶二至三回羽状分裂,叶片轮廓为卵形至三角形;花序下方的叶简化成无叶的、显著膨大的囊状叶鞘,外面无毛。复伞形花序顶生或侧生,花白色,花瓣倒卵形,顶端内曲成凹头状。果实长圆形至卵圆形,黄棕色,有时带紫色,无毛,背棱扁,厚而钝圆,近海绵质,远较棱槽为宽,侧棱翅状。花期7—8月,果期8—9月。

分布范围:产于我国东北及华北地区。安阳太行山区有分布,常生长于林下、林缘、灌丛及山谷草地。

药用价值:根入药,能祛风、散湿、排脓、生肌止痛,主治风寒感冒、鼻窦炎、牙痛、痔漏、便血等症。

九、地黄 *Rehmannia glutinosa* (Gaert.) Libosch. ex Fisch. et Mey.

形态特征:列当科一年生草本植物。全株密被灰白色多细胞长柔毛和腺毛。根茎肉质,鲜时黄色。单叶,叶通常在茎基部集成莲座状,向上则强烈缩小成苞片,或逐渐缩小而在茎上互生;叶片卵形至长椭圆形,上面绿色,下面略带紫色或成紫红色,边缘具不规则圆齿或钝锯齿以至牙齿;基部渐狭成柄,叶脉在上面凹陷,下面隆起。花在茎顶部略排列成总状花序,或几全部单生叶腋而分散在茎上;萼密被多细胞长柔毛和白色长毛;花冠筒多少弓曲,内面黄紫色,外面紫红色,两面均被多细胞长柔毛。蒴果卵形至长卵形。花果期4—7月。

分布范围:产于华北、西北、华东、中南等地区。安阳太行山区有分布,生于山坡、林下草丛。

药用价值:根茎药用。具清热凉血功效。

十、连翘 *Forsythia suspensa*

形态特征:木樨科落叶灌木。枝开展或下垂,棕色、棕褐色或淡黄褐色,小枝土黄色或灰褐色,略呈四棱形,疏生皮孔,节间中空,节部具实心髓。叶通常为单叶,或3裂至三出复叶,叶片卵形、宽卵形或椭圆状卵形至椭圆形,先端锐尖,基部圆形、宽楔形至楔形,叶缘除基部外具锐锯齿或粗锯齿,上面深绿色,下面淡黄绿色,两面无毛。花通常单生或2至数朵着生于叶腋,先于叶开放;花萼绿色;花冠黄色,裂片倒卵状长圆形或长圆形。果卵球形、卵状椭圆形或长椭圆形,先端喙状渐尖,表面疏生皮孔。花期3—4月,果期7—9月。

分布范围:产于辽宁、河北、山西、山东、安徽、河南等省。安阳林州太行山区广为分布,生于海拔600 m以上的山地。

药用价值:果实入药,具清热解毒、消结排脓之效;叶也可入药,对治疗高血压、痢疾、咽喉痛等效果较好。

第三节　安阳地区药用植物名录

石松科 Lycopodiaceae

石松 *Lycopodium japonicum* Thunb. ex Murray

卷柏科 Selaginellaceae

卷柏 *Selaginella tamariscina*

兖州卷柏 *Selaginella involvens*

垫状卷柏 *Selaginella pulvinata*

中华卷柏 *Selaginella sinensis*（Desv.）Spring

蔓出卷柏 *Selaginella davidii*

圆枝卷柏 *Selaginella sanguinolenta*（L.）Spring

碗蕨科 Dennstaedtiaceae

蕨 *Pteridium aquilinum* var. *latiusculum*

球子蕨科 Onocleaceae

中华荚果蕨 *Pentarhizidium intermedium*

荚果蕨 *Matteuccia struthiopteris*

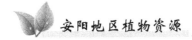

水龙骨科 Polypodiaceae
中华水龙骨 *Goniophlebium chinense*
瓦韦 *Lepisorus thunbergianus*
华北石韦 *Pyrrosia davidii*
有柄石韦 *Pyrrosia petiolosa*

木贼科 Equisetaceae
问荆 *Equisetum arvense*
节节草 *Equisetum ramosissimum*

凤尾蕨科 Pteridaceae
银粉背蕨 *Aleuritopteris argentea*
陕西粉背蕨 *Aleuritopteris argentea* var. *obscura*
井栏边草 *Pteris multifida*
团羽铁线蕨 *Adiantum capillus-junonis*
铁线蕨 *Adiantum capillus-veneris*
掌叶铁线蕨 *Adiantum pedatum*
普通凤丫蕨 *Coniogramme intermedia* Hieron.

蹄盖蕨科 Athyriaceae
日本安蕨 *Anisocampium niponicum*
中华蹄盖蕨 *Athyrium sinense*
河北对囊蕨 *Deparia vegetior*（Kitagawa）X. C. Zhang

瓶尔小草科 Ophioglossaceae
狭叶瓶尔小草 *Ophioglossum thermale* Kom.

冷蕨科 Cystopteridaceae
羽节蕨 *Gymnocarpium jessoense*

肿足蕨科 Hypodematiaceae
肿足蕨 *Hypodematium crenatum*

修株肿足蕨 *Hypodematium gracile*

铁角蕨科 Aspleniaceae
虎尾铁角蕨 *Asplenium incisum*
华中铁角蕨 *Asplenium sarelii*
过山蕨 *Asplenium ruprechtii*
普通铁角蕨 *Asplenium subvarians* Ching ex C. Chr.

鳞毛蕨科 Dryopteridaceae
华北耳蕨 *Polystichum craspedosorum*
革叶耳蕨 *Polystichum neolobatum* Nakai
贯众 *Cyrtomium fortunei* J. Sm.
华北鳞毛蕨 *Dryopteris goeringiana*（Kunze）Koidz.
粗茎鳞毛蕨 *Dryopteris crassirhizoma* Nakai

岩蕨科 Woodsiaceae
耳羽岩蕨 *Woodsia polystichoides* Eaton

槐叶蘋科 Salviniaceae
槐叶蘋 *Salvinia natans*
蘋 *Marsilea quadrifolia* L. Sp.
满江红 *Azolla pinnata* subsp. *asiatica*

银杏科 Ginkgoaceae
银杏 *Ginkgo biloba* L.

松科 Pinaceae
油松 *Pinus tabuliformis*
白皮松 *Pinus bungeana* Zucc. ex Endl.

柏科 Cupressaceae
侧柏 *Platycladus orientalis*
圆柏 *Juniperus chinensis* L.

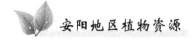

红豆杉科 Taxaceae
南方红豆杉 *Taxus wallichiana* var. *mairei*

金粟兰科 Chloranthaceae
银线草 *Chloranthus japonicus* Sieb.

杨柳科 Salicaceae
毛白杨 *Populus tomentosa*
山杨 *Populus davidiana*
旱柳 *Salix matsudana*
垂柳 *Salix babylonica* L.

胡桃科 Juglandaceae
枫杨 *Pterocarya stenoptera*
胡桃 *Juglans regia*
胡桃楸 *Juglans mandshurica*

桦木科 Betulaceae
白桦 *Betula platyphylla*
红桦 *Betula albosinensis*
千金榆 *Carpinus cordata*
鹅耳枥 *Carpinus turczaninowii*
榛 *Corylus heterophylla* Fisch. ex Trautv.

壳斗科 Fagaceae
板栗 *Castanea mollissima*
麻栎 *Quercus acutissima*
槲树 *Quercus dentata*

榆科 Ulmaceae
榆树 *Ulmus pumila*
春榆 *Ulmus davidiana* var. *japonica*

大麻科 Cannabaceae
大叶朴 *Celtis koraiensis*
黑弹树 *Celtis bungeana*
大麻 *Cannabis sativa* L.
葎草 *Humulus scandens*（Lour.）Merr.

桑科 Moraceae
桑 *Morus alba*
蒙桑 *Morus mongolica*
鸡桑 *Morus australis*
构树 *Broussonetia papyrifera*
柘 *Maclura tricuspidata*

荨麻科 Urticaceae
冷水花 *Pilea notata*
宽叶荨麻 *Urtica laetevirens* Maxim.
悬铃叶苎麻 *Boehmeria tricuspis*（Hance）Makino
小赤麻 *Boehmeria spicata*（Thunb.）Thunb.
墙草 *Parietaria micrantha* Ledeb.

檀香科 Santalaceae
百蕊草 *Thesium chinense* Turcz.
急折百蕊草 *Thesium refractum* C. A. Mey.
槲寄生 *Viscum coloratum*（Kom.）Nakai

马兜铃科 Aristolochiaceae
木通马兜铃 *Aristolochia manshuriensis*
北马兜铃 *Aristolochia contorta*

蓼科 Polygonaceae
翼蓼 *Pteroxygonum giraldii*
波叶大黄 *Rheum rhabarbarum*

37

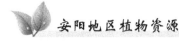

何首乌 *Fallopia multiflora*

萹蓄 *Polygonum aviculare*

习见蓼 *Polygonum plebeium* R. Br.

红蓼 *Polygonum orientale* L.

水蓼 *Polygonum hydropiper*

酸模叶蓼 *Polygonum lapathifolium*

齿果酸模 *Rumex dentatus* L.

巴天酸模 *Rumex patientia* L.

酸模 *Rumex acetosa* L.

尼泊尔蓼 *Polygonum nepalense*

杠板归 *Polygonum perfoliatum* L.

长鬃蓼 *Polygonum longisetum* De Br.

支柱蓼 *Polygonum suffultum* Maxim.

拳参 *Polygonum bistorta* L.

箭叶蓼 *Polygonum sagittatum* Linnaeus

虎杖 *Reynoutria japonica* Houtt.

苋科 Amaranthaceae

地肤 *Kochia scoparia*

菊叶香藜 *Dysphania schraderiana*

藜 *Chenopodium album*

猪毛菜 *Salsola collina*

土荆芥 *Dysphania ambrosioides*（Linnaeus）Mosyakin & Clemants

刺苋 *Amaranthus spinosus*

凹头苋 *Amaranthus blitum*

皱果苋 *Amaranthus viridis*

繁穗苋 *Amaranthus cruentus*

尾穗苋 *Amaranthus caudatus*

鸡冠花 *Celosia cristata* L.

青葙 *Celosia argentea*

牛膝 *Achyranthes bidentata*

喜旱莲子草 *Alternanthera philoxeroides*

商陆科 Phytolaccaceae

商陆 *Phytolacca acinosa* Roxb.

马齿苋科 Portulacaceae

马齿苋 *Portulaca oleracea* L.

石竹科 Caryophyllaceae

石竹 *Dianthus chinensis*

瞿麦 *Dianthus superbus*

长蕊石头花 *Gypsophila oldhamiana*

麦蓝菜 *Vaccaria hispanica*

鹤草 *Silene fortunei*

浅裂剪秋罗 *Lychnis cognata*

蚤缀 *Arenaria serpyllifolia* Linn.

牛繁缕 *Myosoton aquaticum*（L.）Moench

孩儿参 *Pseudostellaria heterophylla*（Miq.）Pax

繁缕 *Stellaria media*（L.）Villars

雀舌草 *Stellaria alsine* Grimm

石生繁缕 *Stellaria vestita* Kurz.

中国繁缕 *Stellaria chinensis* Regel

女娄菜 *Silene aprica* Turcx. ex Fisch. et Mey.

狗筋蔓 *Silene baccifera*（Linnaeus）Roth

石生蝇子草 *Silene tatarinowii* Regel

领春木科 Eupteleaceae

领春木 *Euptelea pleiosperma*

金鱼藻科 Ceratophyllaceae

金鱼藻 *Ceratophyllum demersum* L.

毛茛科 Ranunculaceae

乌头 *Aconitum carmichaelii*

高乌头 *Aconitum sinomontanum*

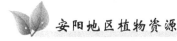

牛扁 *Aconitum barbatum* var. *puberulum*

还亮草 *Delphinium anthriscifolium*

翠雀 *Delphinium grandiflorum*

小升麻 *Cimicifuga japonica*（Thunberg）Sprengel

升麻 *Cimicifuga foetida* L.

驴蹄草 *Caltha palustris* L.

金莲花 *Trollius chinensis*

天葵 *Semiaquilegia adoxoides*（DC.）Makino

大火草 *Anemone tomentosa*

毛蕊银莲花 *Anemone cathayensis* var. *hispida*

华北耧斗菜 *Aquilegia yabeana*

紫花耧斗菜 *Aquilegia viridiflora* var. *atropurpurea*

短尾铁线莲 *Clematis brevicaudata*

粗齿铁线莲 *Clematis grandidentata*

棉团铁线莲 *Clematis hexapetala*

大叶铁线莲 *Clematis heracleifolia* DC.

钝萼铁线莲 *Clematis peterae* Hand.-Mazz.

白头翁 *Pulsatilla chinensis*

茴茴蒜 *Ranunculus chinensis* Bunge

石龙芮 *Ranunculus sceleratus* L.

毛茛 *Ranunculus japonicus* Thunb.

河南唐松草 *Thalictrum honanense*

东亚唐松草 *Thalictrum minus* var. *hypoleucum*

瓣蕊唐松草 *Thalictrum petaloideum* L.

贝加尔唐松草 *Thalictrum baicalense* Turcz.

木通科 Lardizabalaceae
三叶木通 *Akebia trifoliata*

小檗科 Berberidaceae
淫羊藿 *Epimedium brevicornu* Maxim.

黄芦木 *Berberis amurensis*

首阳小檗 *Berberis dielsiana*

直穗小檗 *Berberis dasystachya* Maxim.

防己科 Menispermaceae

蝙蝠葛 *Menispermum dauricum*

木防己 *Cocculus orbiculatus*（L.）DC.

五味子科 Schisandraceae

华中五味子 *Schisandra sphenanthera*

五味子 *Schisandra chinensis*

罂粟科 Papaveraceae

秃疮花 *Dicranostigma leptopodum*

白屈菜 *Chelidonium majus* L.

角茴香 *Hypecoum erectum* L.

小药八旦子 *Corydalis caudata*（Lam.）Pers.

地丁草 *Corydalis bungeana* Turcz.

紫堇 *Corydalis edulis*

小花黄堇 *Corydalis racemosa*

博落回 *Macleaya cordata*（Willd.）R. Br.

小果博落回 *Macleaya microcarpa*（Maxim.）Fedde

白花菜科 Cleomaceae

白花菜 *Gynandropsis gynandra*（Linnaeus）Briquet

十字花科 Brassicaceae

沼生蔊菜 *Rorippa palustris*

细子蔊菜 *Rorippa cantoniensis*

风花菜 *Rorippa globosa*

蔊菜 *Rorippa indica*

无瓣蔊菜 *Rorippa dubia*

柱毛独行菜 *Lepidium ruderale*

独行菜 *Lepidium apetalum*

北美独行菜 *Lepidium virginicum*

葶苈 *Draba nemorosa*
荠 *Capsella bursa-pastoris*
诸葛菜 *Orychophragmus violaceus*
水田碎米荠 *Cardamine lyrata*
白花碎米荠 *Cardamine leucantha*
弯曲碎米荠 *Cardamine flexuosa*
碎米荠 *Cardamine hirsuta*
大叶碎米荠 *Cardamine macrophylla*
豆瓣菜 *Nasturtium officinale*
播娘蒿 *Descurainia sophia*
小花糖芥 *Erysimum cheiranthoides*
涩荠 *Malcolmia africana*

景天科 Crassulaceae
晚红瓦松 *Orostachys japonica*
瓦松 *Orostachys fimbriatus*
费菜 *Phedimus aizoon*
垂盆草 *Sedum sarmentosum*
堪察加费菜 *Phedimus kamtschaticus*
火焰草 *Castilleja pallida*

扯根菜科 Penthoraceae
扯根菜 *Penthorum chinense Pursh*

虎耳草科 Saxifragaceae
落新妇 *Astilbe chinensis*
中华金腰 *Chrysosplenium sinicum Maxim.*
毛金腰 *Chrysosplenium pilosum Maxim.*
虎耳草 *Saxifraga stolonifera*

蔷薇科 Rosaceae
三裂绣线菊 *Spiraea trilobata*
柔毛绣线菊 *Spiraea pubescens*

中华绣线菊 *Spiraea chinensis*

绣球绣线菊 *Spiraea blumei*

山楂 *Crataegus pinnatifida*

野山楂 *Crataegus cuneata* Sieb. et Zucc.

杜梨 *Pyrus betulifolia*

豆梨 *Pyrus calleryana*

地蔷薇 *Chamaerhodos erecta*（L.）Bge.

龙芽草 *Agrimonia pilosa* Ldb.

钝叶蔷薇 *Rosa sertata*

美蔷薇 *Rosa bella* Rehd. et Wils.

地榆 *Sanguisorba officinalis*

茅莓 *Rubus parvifolius* L.

覆盆子 *Rubus crataegifolius* Bge.

路边青 *Geum aleppicum* Jacq.

蛇莓 *Duchesnea indica*

委陵菜 *Potentilla chinensis*

三叶委陵菜 *Potentilla freyniana* Bornm.

翻白草 *Potentilla discolor* Bge.

多茎委陵菜 *Potentilla multicaulis* Bge.

李 *Prunus salicina* Lindl.

山桃 *Amygdalus davidiana*

山杏 *Armeniaca sibirica*

杏 *Armeniaca vulgaris*

欧李 *Cerasus humilis*

豆科 Fabaceae

山合欢 *Albizia kalkora*（Roxb.）Prain

红花锦鸡儿 *Caragana rosea*

锦鸡儿 *Caragana sinica*

皂荚 *Gleditsia sinensis*

野皂荚 *Gleditsia microphylla* Gordon ex Y. T. Lee

苦参 *Sophora flavescens*

槐 *Styphnolobium japonicum*

白刺花 *Sophora davidii*

紫苜蓿 *Medicago sativa* L.

天蓝苜蓿 *Medicago lupulina*

草木樨 *Melilotus officinalis*（L.）Pall.

野大豆 *Glycine soja* Sieb. et Zucc.

葛 *Pueraria montana*

大花野豌豆 *Vicia bungei*

山野豌豆 *Vicia amoena*

确山野豌豆 *Vicia kioshanica* Bailey

歪头菜 *Vicia unijuga*

河北木蓝 *Indigofera bungeana*

多花木蓝 *Indigofera amblyantha* Craib

花木蓝 *Indigofera kirilowii* Maxim. ex Palibin

紫藤 *Wisteria sinensis*（Sims）DC.

斜茎黄耆 *Astragalus laxmannii*

糙叶黄耆 *Astragalus scaberrimus* Bunge

地角儿苗 *Oxytropis bicolor*

砂珍棘豆 *Oxytropis racemosa* Turcz.

米口袋 *Gueldenstaedtia verna*（Georgi）Boriss.

狭叶米口袋 *Gueldenstaedtia stenophylla* Bunge

胡枝子 *Lespedeza bicolor*

茸毛胡枝子 *Lespedeza tomentosa*（Thunb.）Sieb.

绿叶胡枝子 *Lespedeza buergeri*

短梗胡枝子 *Lespedeza cyrtobotrya*

尖叶铁扫帚 *Lespedeza juncea*（L. f.）Pers.

截叶铁扫帚 *Lespedeza cuneata*（Dum.-Cours.）G. Don

铁马鞭 *Lespedeza pilosa*（Thunb.）Sieb. et Zucc.

杭子梢 *Campylotropis macrocarpa*（Bge.）Rehd.

刺槐 *Robinia pseudoacacia*

鸡眼草 *Kummerowia striata*

长萼鸡眼草 *Kummerowia stipulacea*

背扁膨果豆 *Phyllolobium chinense* Fisch. ex DC.

长柄山蚂蝗 *Hylodesmum podocarpum*（Candolle）H. Ohashi & R. R. Mill

酢浆草科 Oxalidaceae
酢浆草 *Oxalis corniculata* L.

牻牛儿苗科 Geraniaceae
老鹳草 *Geranium wilfordii* Maxim.
鼠掌老鹳草 *Geranium sibiricum* L.
野老鹳草 *Geranium carolinianum* L.
牻牛儿苗 *Erodium stephanianum* Willd.

野亚麻科 Linaceae
野亚麻 *Linum stelleroides* Planch.

蒺藜科 Zygophyllaceae
蒺藜 *Tribulus terrestris* Linnaeus

芸香科 Rutaceae
花椒 *Zanthoxylum bungeanum*
竹叶花椒 *Zanthoxylum armatum*
野花椒 *Zanthoxylum simulans* Hance
臭檀吴萸 *Tetradium daniellii*（Bennett）T. G. Hartley
枳 *Citrus trifoliata* L.

苦木科 Simaroubaceae
臭椿 *Ailanthus altissima*

楝科 Meliaceae
香椿 *Toona sinensis*
苦树 *Picrasma quassioides*（D. Don）Benn.

远志科 Polygalaceae
西伯利亚远志 *Polygala sibirica* L.
远志 *Polygala tenuifolia* Willd.

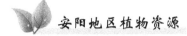

瓜子金 *Polygala japonica* Houtt.

叶下珠科 Phyllanthaceae
一叶萩 *Geblera suffruticosa*
雀儿舌头 *Andrachne chinensis*
蜜甘草 *Phyllanthus ussuriensis* Rupr. et Maxim.

大戟科 Euphorbiaceae
地构叶 *Speranskia tuberculata*（Bunge）Baill.
蓖麻 *Ricinus communis* L.
铁苋菜 *Acalypha australis* L.
地锦 *Parthenocissus tricuspidata*（Siebold & Zucc.）Planch.
狼毒大戟 *Euphorbia fischeriana* Steud.
大戟 *Euphorbia pekinensis* Rupr.
钩腺大戟 *Euphorbia sieboldiana* Morr. et Decne.
甘遂 *Euphorbia kansui* T. N. Liou ex S. B. Ho
泽漆 *Euphorbia helioscopia*

漆树科 Anacardiaceae
毛黄栌 *Cotinus coggygria* var. *pubescens*
红叶 *Cotinus coggygria* var. *cinerea*
黄连木 *Pistacia chinensis*
盐肤木 *Rhus chinensis*
青麸杨 *Rhus potaninii*

卫矛科 Celastraceae
苦皮藤 *Celastrus angulatus*
南蛇藤 *Celastrus orbiculatus*
卫矛 *Euonymus alatus*
扶芳藤 *Euonymus fortunei*
栓翅卫矛 *Euonymus phellomanus*
白杜 *Euonymus maackii*

省沽油科 Staphyleaceae
省沽油 *Staphylea bumalda*

无患子科 Sapindaceae
栾树 *Koelreuteria paniculata*
元宝槭 *Acer truncatum*

凤仙花科 Balsaminaceae
水金凤 *Impatiens noli-tangere*

鼠李科 Berchemia
勾儿茶 *Berchemia sinica*
北枳椇 *Hovenia acerba*
酸枣 *Ziziphus jujuba* var. *spinosa*
枣 *Ziziphus jujuba* Mill.
鼠李 *Rhamnus davurica*
圆叶鼠李 *Rhamnus globosa*
锐齿鼠李 *Rhamnus arguta*

葡萄科 Vitaceae
葡萄 *Vitis vinifera* L.
山葡萄 *Vitis amurensis*
蓝果蛇葡萄 *Ampelopsis bodinieri*
葎叶蛇葡萄 *Ampelopsis humulifolia*
东北蛇葡 *Ampelopsis glandulosa* var. *brevipedunculata*
乌头叶蛇葡萄 *Ampelopsis aconitifolia* Bge.
乌蔹莓 *Cayratia japonica* (Thunb.) Gagnep.
爬山虎 *Parthenocissus tricuspidata*

锦葵科 Malvaceae
田麻 *Corchoropsis crenata* Siebold & Zuccarini
圆叶锦葵 *Malva pusilla* Smith
野葵 *Malva verticillata* L.

苘麻 *Abutilon theophrasti* Medicus
野西瓜苗 *Hibiscus trionum* L.
扁担杆 *Grewia biloba*
小花扁担杆 *Grewia biloba* var. *parviflora*
蒙椴 *Tilia mongolica*
少脉椴 *Tilia paucicostata*
红皮椴 *Tilia paucicostata* var. *dictyoneura*

猕猴桃科 Actinidiaceae
软枣猕猴桃 *Actinidia arguta*

柽柳科 Tamaricaceae
柽柳 *Tamarix chinensis*

堇菜科 Violaceae
紫花地丁 *Viola philippica*
早开堇菜 *Viola prionantha*
斑叶堇菜 *Viola variegata* Fisch ex Link
鸡腿堇菜 *Viola acuminata* Ledeb.
球果堇菜 *Viola collina* Bess.
白花地丁 *Viola patrinii*

秋海棠科 Begoniaceae
秋海棠 *Begonia grandis*

瑞香科 Thymelaeaceae
狼毒 *Stellera chamaejasme* L.
河朔荛花 *Wikstroemia chamaedaphne* Meisn.

胡颓子科 Elaeagnaceae
牛奶子 *Elaeagnus umbellata*

千屈菜科 Lythraceae

千屈菜 *Lythrum salicaria*

水苋菜 *Ammannia baccifera* L.

石榴 *Punica granatum* L.

百日红 *Lagerstroemia indica* L.

柳叶菜科 Onagraceae

柳叶菜 *Epilobium hirsutum*

五加科 Araliaceae

刺五加 *Eleutherococcus senticosus*

伞形科 Apiaceae

峨参 *Anthriscus sylvestris*（L.）Hoffm.

小窃衣 *Torilis japonica*（Houtt.）DC.

北柴胡 *Bupleurum chinense* DC.

红柴胡 *Bupleurum scorzonerifolium* Willd.

水芹 *Oenanthe javanica*

蛇床 *Cnidium monnieri*（L.）Cuss.

藁本 *Ligusticum sinense*

辽藁本 *Ligusticum jeholense*（Nakai et Kitag.）Nakai et Kitag.

白芷 *Angelica dahurica*

紫花前胡 *Angelica decursiva*（Miquel）Franchet & Savatier

前胡 *Peucedanum praeruptorum* Dunn

石防风 *Peucedanum terebinthaceum*（Fisch.）Fisch. ex Turcz.

短毛独活 *Heracleum moellendorffii* Hance

羊红膻 *Pimpinella thellungiana* Wolff

防风 *Saposhnikovia divaricata*（Turcz.）Schischk.

鸭儿芹 *Cryptotaenia japonica* Hassk.

大齿山芹 *Ostericum grosseserratum*（Maxim.）Kitagawa

变豆菜 *Sanicula chinensis*

山茱萸科 Cornaceae

山茱萸 *Cornus officinalis* Sieb. et Zucc.

八角枫 *Alangium chinense*

瓜木 *Alangium platanifolium*

杜鹃花科 Ericaceae

照山白 *Rhododendron micranthum*

报春花科 Primulaceae

虎尾草 *Lysimachia barystachys*

狼尾花 *Lysimachia barystachys* Bunge

点地梅 *Androsace umbellata*（Lour.）Merr.

柿树科 Ebenaceae

君迁子 *Diospyros lotus*

柿 *Diospyros kaki* Thunb.

木樨科 Oleaceae

流苏 *Chionanthus retusus*

连翘 *Forsythia suspensa*

白蜡 *Fraxinus chinensis*

小叶梣 *Fraxinus bungeana*

暴马丁香 *Syringa reticulata* subsp. *amurensis*

龙胆科 Gentianaceae

鳞叶龙胆 *Gentiana squarrosa* Ledeb.

翼萼蔓 *Pterygocalyx volubilis* Maxim.

红花龙胆 *Gentiana rhodantha*

北方獐牙菜 *Swertia diluta*（Turcz.）Benth. et Hook. f.

睡菜科 Menyanthaceae

荇菜 *Nymphoides peltatum*

夹竹桃科 Apocynaceae

络石 *Trachelospermum jasminoides*

萝藦 *Metaplexis japonic*

杠柳 *Periploca sepium*

鹅绒藤 *Cynanchum chinense* R. Br.

牛皮消 *Cynanchum auriculatum* Royle ex Wight

白首乌 *Cynanchum bungei* Decne.

白薇 *Cynanchum atratum* Bunge

太行白前 *Cynanchum taihangense* Tsiang et Zhang

变色白前 *Cynanchum versicolor* Bunge

地梢瓜 *Cynanchum thesioides*（Freyn）K. Schum.

徐长卿 *Cynanchum paniculatum*（Bunge）Kitagawa

竹灵消 *Cynanchum inamoenum*（Maxim.）Loes.

旋花科 Convolvulaceae

菟丝子 *Cuscuta chinensis* Lam.

金灯藤 *Cuscuta japonica* Choisy

田旋花 *Convolvulus arvensis* L.

打碗花 *Calystegia hederacea*

牵牛 *Ipomoea nil*

圆叶牵牛 *Ipomoea purpurea*

紫草科 Boraginaceae

紫草 *Lithospermum erythrorhizon* Sieb. et Zucc.

狼紫草 *Anchusa ovata* Lehmann

附地菜 *Trigonotis peduncularis*（Trev.）Benth. ex Baker et Moore

鹤虱 *Lappula myosotis* Moench

狭苞斑种草 *Bothriospermum kusnezowii* Bge.

盾果草 *Thyrocarpus sampsonii* Hance

小花琉璃草 *Cynoglossum lanceolatum* Forsk.

马鞭草科 Verbenaceae

马鞭草 *Verbena officinalis* L.

唇形科 Lamiaceae

藿香 *Agastache rugosa*

筋骨草 *Ajuga ciliata*

金疮小草 *Ajuga decumbens* Thunb.

紫背金盘 *Ajuga nipponensis*

水棘针 *Amethystea caerulea* L.

黄芩 *Scutellaria baicalensis*

并头黄芩 *Scutellaria scordifolia*

夏至草 *Lagopsis supina*（Steph. ex Willd.）Ik.-Gal. ex Knorr.

藿香 *Agastache rugosa*（Fisch. et Mey.）O. Ktze.

裂叶荆芥 *Nepeta tenuifolia* Bentham

活血丹 *Glechoma longituba*（Nakai）Kupr.

糙苏 *Phlomis umbrosa* Turcz.

宝盖草 *Lamium amplexicaule* L.

野芝麻 *Lamium barbatum* Sieb. et Zucc.

益母草 *Leonurus japonicus* Houttuyn

錾菜 *Leonurus pseudomacranthus* Kitagawa

水苏 *Stachys japonica* Miq.

丹参 *Salvia miltiorrhiza*

荔枝草 *Salvia plebeia* R. Br.

风轮菜 *Clinopodium chinense*（Benth.）O. Ktze.

薄荷 *Mentha canadensis* Linnaeus

地笋 *Lycopus lucidus* Turcz.

紫苏 *Perilla frutescens*（L.）Britt.

石荠苎 *Mosla scabra*（Thunb.）C. Y. Wu et H. W. Li

野香草 *Elsholtzia cypriani*

华北香薷 *Elsholtzia stauntoni*

香薷 *Elsholtzia ciliata*

碎米桠 *Isodon rubescens*（Hemsley）H. Hara

毛建草 *Dracocephalum rupestre*

香青兰 *Dracocephalum moldavica*

百里香 *Thymus mongolicus*

华紫珠 *Callicarpa cathayana*

臭牡丹 *Clerodendrum bungei*

海州常山 *Clerodendrum trichotomum*

黄荆 *Vitex negundo*

牡荆 *Vitex negundo* var. *cannabifolia*

荆条 *Vitex negundo* var. *heterophylla*

三花莸 *Caryopteris terniflora*

茄科 Solanaceae

挂金灯 *Alkekengi officinarum* var. *franchetii*

酸浆 *Alkekengi officinarum*

枸杞 *Lycium chinense*

漏斗泡囊草 *Physochlaina infundibularis* Kuang

龙葵 *Solanum nigrum* L.

白英 *Solanum lyratum* Thunberg

青杞 *Solanum septemlobum* Bunge

野海茄 *Solanum japonense* Nakai

曼陀罗 *Datura stramonium* L.

毛曼陀罗 *Datura inoxia* Miller

假酸浆 *Nicandra physalodes*（L.）Gaertner

玄参科 Scrophulariaceae

楸叶泡桐 *Paulownia catalpifolia*

兰考泡桐 *Paulownia elongata*

毛泡桐 *Paulownia tomentosa*

山罗花 *Melampyrum roseum*

阴行草 *Siphonostegia chinensis* Benth.

松蒿 *Phtheirospermum japonicum*

玄参 *Scrophularia ningpoensis* Hemsl.

通泉草 *Mazus pumilus*（N. L. Burman）Steenis

婆婆纳 *Veronica polita* Fries

水苦荬 *Veronica undulata* Wall.

北水苦荬 *Veronica anagallis-aquatica* Linnaeus

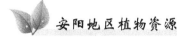

地黄 *Rehmannia glutinosa*

紫薇科 Bignoniaceae
梓 *Catalpa ovata*
楸 *Catalpa bungei*
角蒿 *Incarvillea sinensis*

列当科 Orobanchaceae
黄花列当 *Orobanche pycnostachya* Hance

苦苣苔科 Gesneriaceae
珊瑚苣苔 *Corallodiscus cordatulus*
旋蒴苣苔 *Boea hygrometrica*

透骨草科 Phrymaceae
透骨草 *Phryma leptostachya* subsp. *asiatica*（Hara）Kitamura

车前科 Plantaginaceae
平车前 *Plantago depressa* Willd.
车前 *Plantago asiatica* L.
大车前 *Plantago major* L.

茜草科 Rubiaceae
薄皮木 *Leptodermis oblonga*
鸡矢藤 *Paederia foetida* L.
茜草 *Rubia cordifolia* L.
蓬子菜 *Galium verum* L.
北方拉拉藤 *Galium boreale* L.
猪殃殃 *Galium spurium* L.
四叶葎 *Galium bungei* Steud.

忍冬科 Caprifoliaceae
败酱 *Patrinia scabiosaefolia*

糙叶败酱 *Patrinia rupestris* subsp. *scabra*

墓头回 *Patrinia heterophylla*

蓝盆花 *Scabiosa tschiliensis*

缬草 *Valeriana officinalis* L.

日本续断 *Dipsacus japonicus* Miq.

五福花科 Adoxaceae

接骨草 *Sambucus javanica* Blume

接骨木 *Sambucus williamsii*

葫芦科 Cucurbitaceae

盒子草 *Actinostemma tenerum* Griff.

假贝母 *Bolbostemma paniculatum*（Maxim.）Franquet

赤瓟 *Thladiantha dubia* Bunge

栝楼 *Trichosanthes kirilowii* Maxim.

桔梗科 Campanulaceae

荠苨 *Adenophora trachelioides*

多歧沙参 *Adenophora potaninii* subsp. *wawreana*

杏叶沙参 *Adenophora petiolata* subsp. *hunanensis*

心叶沙参 *Adenophora cordifolia*

石沙参 *Adenophora polyantha* Nakai

轮叶沙参 *Adenophora tetraphylla*（Thunb.）Fisch.

紫斑风铃草 *Campanula punctata* Lamarck

桔梗 *Platycodon grandiflorus*

党参 *Codonopsis pilosula*（Franch.）Nannf.

羊乳 *Codonopsis lanceolata*（Sieb. et Zucc.）Trautv.

菊科 Asteraceae

和尚菜 *Adenocaulon himalaicum* Edgew.

佩兰 *Eupatorium fortunei*

林泽兰 *Eupatorium lindleyanum* DC.

泽兰 *Eupatorium japonicum* Thunb.

马兰 *Aster indicus*

山马兰 *Aster lautureanus*

狗娃花 *Heteropappus hispidus*

阿尔泰狗娃花 *Aster altaicus* Willd.

东风菜 *Aster scaber* Thunb

紫菀 *Aster tataricus* L. f.

三脉紫菀 *Aster ageratoides*

一年蓬 *Erigeron annuus*（L.）Pers.

野唐蒿 *Erigeron bonariensis* L.

小蓬草 *Erigeron canadensis* L.

薄雪火绒草 *Leontopodium japonicum* Miq.

火绒草 *Leontopodium leontopodioides*（Willd.）Beauv.

鼠曲草 *Pseudognaphalium affine*（D. Don）Anderberg

旋覆花 *Inula japonica*

欧亚旋覆花 *Inula britanica*

线叶旋覆花 *Inula linariifolia* Turczaninow

大花金挖耳 *Carpesium macrocephalum* Franch. et Sav.

金挖耳 *Carpesium divaricatum* Sieb. et Zucc.

天名精 *Carpesium abrotanoides* L.

烟管头草 *Carpesium cernuum* L.

苍耳 *Xanthium strumarium* L.

豨莶 *Sigesbeckia orientalis* Linnaeus

腺梗豨莶 *Sigesbeckia pubescens*（Makino）Makino

鳢肠 *Eclipta prostrata*（L.）L.

狼杷草 *Bidens tripartita* L.

大狼杷草 *Bidens frondosa* L.

金盏银盘 *Bidens biternata*（Lour.）Merr. et Sherff

小花鬼针草 *Bidens parviflora* Willd.

婆婆针 *Bidens bipinnata* L.

甘菊 *Chrysanthemum lavandulifolium*

甘野菊 *Chrysanthemum lavandulifolium* var. *seticuspe*

野菊 *Chrysanthemum indicum*

太行菊 *Opisthopappus taihangensis*

猪毛蒿 *Artemisia scoparia* Waldst. et Kit.

茵陈蒿 *Artemisia capillaris* Thunb.

牡蒿 *Artemisia japonica* Thunb.

南牡蒿 *Artemisia eriopoda* Bge.

黄花蒿 *Artemisia annua* L.

青蒿 *Artemisia caruifolia* Buch.-Ham. ex Roxb.

蒌蒿 *Artemisia selengensis* Turcz. ex Bess.

野艾蒿 *Artemisia lavandulifolia* Candolle

艾 *Artemisia argyi* Lévl. et Van.

矮蒿 *Artemisia lancea* Van

蒙古蒿 *Artemisia mongolica*（Fisch. ex Bess.）Nakai

大籽蒿 *Artemisia sieversiana* Ehrhart ex Willd.

苍术 *Atractylodes lancea*（Thunb.）DC.

牛蒡 *Arctium lappa* L.

香青 *Anaphalis sinica* Hance

款冬 *Tussilago farfara* L.

兔儿伞 *Syneilesis aconitifolia*

华东蓝刺头 *Echinops grijsii*

刺儿菜 *Cirsium arvense* var. *integrifolium* C. Wimm. et Grabowski

泥胡菜 *Hemisteptia lyrata*（Bunge）Fischer & C. A. Meyer

风毛菊 *Saussurea japonica*（Thunb.）DC.

祁州漏芦 *Rhaponticum uniflorum*

大丁草 *Leibnitzia anandria*（Linnaeus）Turczaninow

华北鸦葱 *Scorzonera albicaulis* Bunge

鸦葱 *Scorzonera austriaca* Willd.

苣荬菜 *Sonchus wightianus* DC.

苦苣菜 *Sonchus oleraceus* L.

中华苦荬菜 *Ixeris chinensis*（Thunb.）Nakai

毛连菜 *Picris hieracioides* L.

狗舌草 *Tephroseris kirilowii*

翅果菊 *Lactuca indica*

山牛蒡 *Synurus deltoides*（Ait.）Nakai

蒲公英 *Taraxacum mongolicum* Hand.-Mazz.

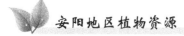
药用蒲公英 *Taraxacum officinale* F. H. Wigg.

黄鹌菜 *Youngia japonica* (L.) DC.

香蒲科 Typhaceae

香蒲 *Typha orientalis*

小香蒲 *Typha minima*

无苞香蒲 *Typha laxmannii*

黑三棱 *Sparganium stoloniferum* (Graebn.) Buch.-Ham. ex Juz.

眼子菜科 Potamogetonaceae

眼子菜 *Potamogeton distinctus* A. Bennett

微齿眼子菜 *Potamogeton maackianus* A. Bennett

泽泻科 Alismataceae

野慈姑 *Sagittaria trifolia*

泽泻 *Alisma plantago-aquatica* L.

水鳖科 Hydrocharitaceae Juss.

苦草 *Vallisneria natans* (Lour.) Hara

禾本科 Poaceae

画眉草 *Eragrostis pilosa* (L.) Beauv.

知风草 *Eragrostis ferruginea* (Thunb.) Beauv.

千金子 *Leptochloa chinensis* (L.) Nees

牛筋草 *Eleusine indica* (L.) Gaertn.

狗牙根 *Cynodon dactylon*

狗尾草 *Setaria viridis* (L.) Beauv.

看麦娘 *Alopecurus aequalis* Sobol.

芒 *Miscanthus sinensis*

荻 *Miscanthus sacchariflorus*

芦苇 *Phragmites australis*

白茅 *Imperata cylindrica* (L.) Beauv.

荩草 *Arthraxon hispidus* (Trin.) Makino

柳叶箬 *Isachne globosa*（Thunb.）Kuntze

马唐 Digitaria sanguinalis（L.）Scop.

莎草科 Cyperaceae

香附子 *Cyperus rotundus* L.

荆三棱 *Bolboschoenus yagara*（Ohwi）Y. C. Yang & M. Zhan

菖蒲科 Acoraceae

菖蒲 *Acorus calamus*

天南星科 Araceae

一把伞南星 *Arisaema erubescens*

半夏 *Pinellia ternata*（Thunb.）Breit.

虎掌 *Pinellia pedatisecta*

独角莲 *Sauromatum giganteum*

紫萍 *Spirodela polyrhiza*（Linnaeus）Schleiden

浮萍 *Lemna minor* L.

鸭跖草科 Commelinaceae

鸭跖草 *Commelina communis* L.

饭包草 *Commelina benghalensis* Linnaeus

藜芦科 Melanthiaceae

藜芦 *Veratrum nigrum* L.

北重楼 *Paris verticillata*

延龄草 *Trillium tschonoskii* Maxim.

棋盘花 *Anticlea sibirica*（L.）Kunth

石蒜科 Amaryllidaceae

茖葱 *Allium victorialis*

薤白 *Allium macrostemon* Bunge

阿福花科 Asphodelaceae

黄花菜 *Hemerocallis citrina*

北萱草 *Hemerocallis esculenta*

秋水仙科 Colchicaceae

少花万寿竹 *Disporum uniflorum* Baker ex S. Moore

沼金花科 Nartheciaceae

粉条儿菜 *Aletris spicata*（Thunb.）Franch.

天门冬科 Asparagaceae

知母 *Anemarrhena asphodeloides* Bunge

禾叶山麦冬 *Liriope graminifolia*

山麦冬 *Liriope spicata*

沿阶草 *Ophiopogon bodinieri*

麦冬 *Ophiopogon japonicus*

玉竹 *Polygonatum odoratum*

黄精 *Polygonatum sibiricum*

二苞黄精 *Polygonatum involucratum*

轮叶黄精 *Polygonatum verticillatum*

绵枣儿 *Barnardia japonica*（Thunberg）Schultes & J. H. Schultes

天门冬 *Asparagus cochinchinensis*

鹿药 *Maianthemum japonicum*（A. Gray）LaFrankie

百合科 Liliaceae

卷丹 *Lilium tigrinum*

山丹 *Lilium pumilum*

渥丹 *Lilium concolor*

大百合 *Cardiocrinum giganteum*

黄花油点草 *Tricyrtis pilosa* Wallich

菝葜科 Smilacaceae

短梗菝葜 *Smilax scobinicaulis*

华东菝葜 *Smilax sieboldii*
牛尾菜 *Smilax riparia* A. DC.

薯蓣科 Dioscoreaceae
薯蓣 *Dioscorea polystachya*
穿龙薯蓣 *Dioscorea nipponica*

鸢尾科 Iridaceae
射干 *Belamcanda chinensis*
马蔺 *Iris lactea*

兰科 Orchidaceae
绶草 *Spiranthes sinensis*
小斑叶兰 *Goodyera repens*（L.）R. Br.

第五章　油脂植物资源

第一节　概　况

　　油脂植物是指植物果实、种子等器官里储藏油酸、亚油酸等植物。油脂植物是人类食用植物油和工业油脂化学工业的原料。安阳地区油脂植物资源丰富,据调查统计,该地区分布有野生淀粉植物 131 种(含亚种、变种及变型),它们分属 44 科(见表 5-1)。

表 5-1　安阳地区油料植物资源种类

序号	科	种	说明
1	松科 Pinaceae	2	
2	柏科 Cupressaceae	2	
3	红豆杉科 Taxaceae	1	
4	胡桃科 Juglandaceae	3	
5	桦木科 Betulaceae	5	
6	大麻科 Cannabaceae Martinov	4	
7	荨麻科 Urticaceae	3	
8	苋科 Amaranthaceae	4	
9	毛茛科 Ranunculaceae	4	
10	木通科 Lardizabalaceae	1	
11	防己科 Menispermaceae	1	
12	五味子科 Schisandraceae Blume	2	
13	十字花科 Brassicaceae	14	
14	蔷薇科 Rosaceae	7	
15	豆科 Fabaceae	13	
16	亚麻科 Linaceae	1	
17	紫草科 Boraginaceae	1	
18	锦葵科 Malvaceae	4	
19	伞形科 Apiaceae	1	

续表 5-1

序号	科	种	说明
20	罂粟科 Papaveraceae	1	
21	报春花科 Primulaceae	2	
22	大戟科 Euphorbiaceae	3	
23	芸香科 Rutaceae	4	
24	苦木科 Simaroubaceae	1	
25	楝科 Meliaceae	2	
26	漆树科 Anacardiaceae	7	
27	卫矛科 Celastraceae	3	
28	省沽油科 Staphyleaceae	2	
29	山茱萸科 Cornaceae	3	
30	茄科 Solanaceae	2	
31	无患子科 Sapindaceae	5	
32	鼠李科 Rhamnaceae	3	
33	葡萄科 Vitaceae	1	
34	木樨科 Oleaceae	3	
35	唇形科 Lamiaceae	2	
36	芝麻科 Pedaliaceae	1	
37	五福花科 Adoxaceae	2	
38	安息香科 Styracaceae	1	
39	忍冬科 Caprifoliaceae	1	
40	葫芦科 Cucurbitaceae	2	
41	桔梗科 Campanulaceae	1	
42	菊科 Asteraceae	4	
43	鸭跖草科 Commelinaceae	1	
44	禾本科 Poaceae	1	

第二节　安阳地区主要油脂植物简介

一、胡桃 *Juglans regia* L.

形态特征: 胡桃科落叶乔木;树皮幼时灰绿色,老时则灰白色而纵向浅裂。

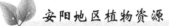

奇数羽状复叶长,叶柄及叶轴幼时被有极短腺毛及腺体;小叶椭圆状卵形至长椭圆形,顶端钝圆或急尖、短渐尖,基部歪斜,近于圆形,边缘全缘或在幼树上者具稀疏细锯齿,上面深绿色,无毛,下面淡绿色。雄性菜黄花序下垂。果序短,具1~3个果实;果实近于球状,无毛;果核稍具皱曲,有2条纵棱,顶端具短尖头;隔膜较薄,内里无空隙。花期5月,果期10月。

分布范围:产于华北、西北、西南、华中、华南和华东地区。安阳地区各县(市、区)习见,广泛分布于平原、山区,多栽培。

植物油脂:种仁含油量高,可生食,亦可榨油食用。

二、大麻 *Cannabis sativa* L.

形态特征:大麻科一年生直立草本,枝具纵沟槽,密生灰白色贴伏毛。叶掌状全裂,裂片披针形或线状披针形。花单性异株,雄花为疏散大圆锥花序;花黄绿色;雌花丛生于叶腋,雌花绿色。瘦果为宿存黄褐色苞片所包,果皮坚脆,表面具细网纹。花期5—6月,果期为7月。

分布范围:原产锡金、不丹、印度和中亚细亚,我国各地有栽培或沦为野生。安阳太行山区有分布,栽培或逸生。

植物油脂:种子含油量30%,榨油可供做油漆、涂料等,油渣可做饲料。

三、播娘蒿 *Descurainia sophia*(L.)Webb ex Prantl

形态特征:十字花科一年生草本。茎直立,分枝多,常于下部成淡紫色。叶为三回羽状深裂,末端裂片条形或长圆形,下部叶具柄,上部叶无柄。花序伞房状,果期伸长;萼片直立,早落;花瓣黄色,长圆状倒卵形。长角果圆筒状,稍内曲,与果梗不成一条直线。种子每室1行,种子形小,多数,长圆形。花期4—5月。

分布范围:华南以北地区均产。安阳地区广为分布,生于山坡、田野及农田,为春季常见农田杂草。

植物油脂:种子含油约40%,油可食用,也可工业用。

四、毛梾 *Cornus walteri*

形态特征:山茱萸科落叶乔木,树皮厚,黑褐色,纵裂而又横裂成块状;幼枝对生,绿色。单叶对生,纸质,椭圆形、长椭圆形或阔卵形,先端渐尖,基部楔形,有时稍不对称,上面深绿色,下面淡绿色,密被灰白色贴生短柔毛,中脉在上面明显,下面凸出,侧脉弓形内弯,在上面稍明显,下面凸起。伞房状聚伞花序顶生,花密;花白色,有香味。核果球形,成熟时黑色。花期 5 月,果期 9 月。

分布范围:产于我国华北、华东、华中、华南、西南等省区。安阳太行山区有分布,生于海拔 600 m 以上杂木林或密林下。

植物油脂:木本油料植物,果实含油,供食用或作高级润滑油。

五、黄连木　*Pistacia chinensis*

形态特征:漆树科落叶乔木,树皮暗褐色,呈鳞片状剥落。奇数羽状复叶互生,小叶 5~6 对,叶轴具条纹,叶柄上面平;小叶对生或近对生,纸质,披针形或卵状披针形或线状披针形,先端渐尖或长渐尖,基部偏斜,全缘,两面沿中脉和侧脉被卷曲微柔毛或近无毛,侧脉和细脉两面突起。花单性异株,先花后叶,圆锥花序腋生,雄花序排列紧密,雌花序排列疏松;花小。核果倒卵状球形,成熟时紫红色,干后具纵向细条纹,先端细尖。

分布范围:产于长江以南各省区及华北、西北。安阳太行山区广泛分布。

植物油脂:种子含油达 35%,种子榨油可作润滑油或制皂。

六、油松　*Pinus tabuliformis Carriere*

形态特征:松科常绿乔木;树皮深灰色或褐灰色,裂成不规则鳞状块片;大树枝条平展或向下斜展,老树树冠平顶状;冬芽矩圆形,芽鳞红褐色。针叶 2 针一束,深绿色,粗硬,边缘有细锯齿,两面具气孔线。花雌雄同株,雄球花圆柱形,在新枝下部聚生成穗状,雌球花单生靠近新枝顶部。球果卵形或圆卵形,成熟前绿色,熟时淡褐黄色,宿存;种鳞鳞盾肥厚,横脊显著,鳞脐凸起有刺;种子卵圆形,淡褐色有斑纹。花期 4—5 月,球果次年 10 月成熟。

分布范围:产于东北、华北、华中、西北、西南等地区。安阳山区广为分布,生于海拔 600 m 以上地带。多为栽培,高山有野生。

植物油脂:种子含油 30% 以上,榨油可食用或供工业用。

七、榛　*Corylus heterophylla Fisch.ex Trautv.*

形态特征:桦木科灌木或小乔木;树皮灰色;枝条暗灰色。单叶互生,叶的轮廓为矩圆形或宽倒卵形,顶端凹缺或截形,中央具三角状突尖,基部心形,边缘具不规则的重锯齿。雄花序单生。果单生或簇生成头状,果苞钟状。坚果近球形。

分布范围:产于东北、河北、山西、陕西、河南等地。安阳山区有分布,生于海拔 900 m 以上山地。

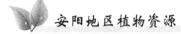

植物油脂:种仁含油 50% 以上,榨油可食用或供工业用。

八、紫苏 *Perilla frutescens*（L.）Britt.

形态特征:唇形科一年生直立草本。茎绿色或紫色,钝四棱形,具四槽,密被长柔毛。单叶对生,叶阔卵形或圆形,先端短尖或突尖,基部圆形或阔楔形,边缘在基部以上有粗锯齿,膜质或革质,两面绿色或紫色,或仅下面紫色。轮伞花序 2 花。花冠白色至紫红色,冠檐近二唇形。小坚果近球形,灰褐色,具网纹。花期 8—11 月,果期 8—12 月。

分布范围:原产不丹、印度、中南半岛,南至印度尼西亚等国,现全国各地广泛栽培。供药用和香料用。安阳太行山区有栽培,也有野紫苏分布。

植物油脂:种子含油,榨出的油名苏子油,供食用、防腐或供工业用。

九、省沽油 *Staphylea bumalda*

形态特征:省沽油科落叶灌木,树皮紫红色或灰褐色,有纵棱;枝条开展,绿白色复叶对生,有长柄,具三小叶;小叶椭圆形、卵圆形或卵状披针形,端锐尖,具尖尾,基部楔形或圆形,边缘有细锯齿,齿尖具尖头,上面无毛,背面青白色,主脉及侧脉有短毛。圆锥花序顶生,直立,花白色;萼片长椭圆形,浅黄白色,花瓣 5,白色,倒卵状长圆形。蒴果膀胱状,扁平,2 室,先端 2 裂;种子黄色,有光泽。花期 4—5 月,果期 8—9 月。

分布范围:产于东北、华北、华中、华东等省区。安阳林州太行山区有分布,生于山地或丛林中。

植物油脂:种子含油,可榨油食用,可制肥皂及油漆。

十、元宝槭 *Acer truncatum*

形态特征:槭树科落叶乔木,高可达 10 m。单叶对生,叶纸质,常 5 裂。花黄绿色,杂性,雄花与两性花同株;小坚果压扁状;具长圆形翅,张开成锐角或钝角。花期 4 月,果期 8 月。

分布范围:产于东北、华北、华东、河南、陕西、甘肃等省区。安阳林州太行山区有分布,生于山区疏林中,平原地区习见栽培。

植物油脂:种子含油,可榨油作工业原料。

第三节　安阳地区油脂植物名录

松科 Pinaceae
油松 *Pinus tabuliformis* Carriere
白皮松 *Pinus bungeana* Zucc. ex Endl.

柏科 Cupressaceae
圆柏 *Juniperus chinensis* L.
侧柏 *Platycladus orientalis*（L.）Franco

红豆杉科 Taxaceae
南方红豆杉 *Taxus wallichiana* var. *mairei*

胡桃科 Juglandaceae
胡桃 *Juglans regia* L.
胡桃楸 *Juglans mandshurica* Maxim.
枫杨 *Pterocarya stenoptera* C. DC.

桦木科 Betulaceae
白桦 *Betula platyphylla* Suk.
榛 *Corylus heterophylla* Fisch. ex Trautv.
毛榛 *Corylus mandshurica* Maxim.
千金榆 *Carpinus cordata* Bl.
鹅耳枥 *Carpinus turczaninowii* Hance

大麻科 Cannabaceae Martinov
大叶朴 *Celtis koraiensis* Nakai
葎草 *Humulus scandens*（Lour.）Merr.
青檀 *Pteroceltis tatarinowii* Maxim.
大麻 *Cannabis sativa* L.

荨麻科 Urticaceae

大蝎子草 *Girardinia diversifolia*（Link）Friis

蝎子草 *Girardinia diversifolia* subsp. *suborbiculata*

悬铃叶苎麻 *Boehmeria tricuspis*（Hance）Makino

苋科 Amaranthaceae

藜 *Chenopodium album* L.

地肤 *Kochia scoparia*（L.）Schrad.

猪毛菜 *Salsola collina* Pall.

青葙 *Celosia argentea* L.

毛茛科 Ranunculaceae

华北耧斗菜 *Aquilegia yabeana* Kitag.

大叶铁线莲 *Clematis heracleifolia* DC.

北乌头 *Aconitum kusnezoffii* Reichb.

金莲花 *Trollius chinensis* Bunge

木通科 Lardizabalaceae

三叶木通 *Akebia trifoliata*（Thunb.）Koidz.

防己科 Menispermaceae

蝙蝠葛 *Menispermum dauricum* DC.

五味子科 Schisandraceae Blume

华中五味子 *Schisandra sphenanthera* Rehd. et Wils.

五味子 *Schisandra chinensis*（Turcz.）Baill.

十字花科 Brassicaceae

荠 *Capsella bursa-pastoris*（L.）Medic.

麦蓝菜 *Vaccaria hispanica*（Miller）Rauschert

蔊菜 *Rorippa indica*（L.）Hiern

广州蔊菜 *Rorippa cantoniensis*（Lour.）Ohwi

风花菜 *Rorippa globosa*（Turcz.）Hayek

沼生蔊菜 *Rorippa palustris*（Linnaeus）Besser

无瓣蔊菜 *Rorippa dubia*（Pers.）Hara

豆瓣菜 *Nasturtium officinale* R. Br.

葶苈 *Draba nemorosa* L.

芸苔 *Brassica rapa* var. *oleifera* de Candolle

柱毛独行菜 *Lepidium ruderale* Linnaeus

诸葛菜 *Orychophragmus violaceus*（Linnaeus）O. E. Schulz

播娘蒿 *Descurainia sophia*（L.）Webb ex Prantl

小花糖芥 *Erysimum cheiranthoides* L.

蔷薇科 Rosaceae

路边青 *Geum aleppicum* Jacq.

山杏 *Armeniaca sibirica*（L.）Lam.

杏 *Armeniaca vulgaris* Lam.

郁李 *Cerasus japonica*（Thunb.）Lois.

欧李 *Cerasus humilis*（Bge.）Sok.

山桃 *Amygdalus davidiana*（Carr.）C. de Vos

地榆 *Sanguisorba officinalis* L.

豆科 Fabaceae

山槐 *Albizia kalkora*（Roxb.）Prain

合欢 *Albizia julibrissin* Durazz.

槐树 *Styphnolobium japonicum*（L.）Schott

紫苜蓿 *Medicago sativa* L.

小苜蓿 *Medicago minima*（L.）Grufb.

天蓝苜蓿 *Medicago lupulina* L.

草木樨 *Melilotus officinalis*（L.）Pall.

白花草木樨 *Melilotus albus* Desr.

野大豆 *Glycine soja* Sieb. et Zucc.

胡枝子 *Lespedeza bicolor* Turcz.

美丽胡枝子 *Lespedeza thunbergii* subsp. *formosa*（Vogel）H. Ohashi

绿叶胡枝子 *Lespedeza buergeri* Miq.

树锦鸡儿 *Caragana arborescens*

亚麻科 Linaceae
野亚麻 *Linum stelleroides* Planch.

紫草科 Boraginaceae
狼紫草 *Anchusa ovata* Lehmann

锦葵科 Malvaceae
苘麻 *Abutilon theophrasti* Medicus
陆地棉 *Gossypium hirsutum* L.
野西瓜苗 *Hibiscus trionum* L.
扁担杆 *Grewia biloba* G. Don

伞形科 Apiaceae
鸭儿芹 *Cryptotaenia japonica* Hassk.

罂粟科 Papaveraceae
白屈菜 *Chelidonium majus* L.

报春花科 Primulaceae
点地梅 *Androsace umbellata*（Lour.）Merr.
矮桃 *Lysimachia clethroides* Duby

大戟科 Euphorbiaceae
泽漆 *Euphorbia helioscopia* L.
乳浆大戟 *Euphorbia pekinensis* Rupr.
蓖麻 *Ricinus communis* L.

芸香科 Rutaceae
花椒 *Zanthoxylum bungeanum* Maxim.
野花椒 *Zanthoxylum simulans* Hance
竹叶花椒 *Zanthoxylum armatum* DC.
臭檀吴萸 *Tetradium daniellii*（Bennett）T. G. Hartley

苦木科 Simaroubaceae

臭椿 *Ailanthus altissima*（Mill.）Swingle

楝科 Meliaceae

香椿 *Toona sinensis*（A. Juss.）Roem.

楝 *Melia azedarach* L.

漆树科 Anacardiaceae

黄连木 *Pistacia chinensis* Bunge

青麸杨 *Rhus potaninii* Maxim.

盐肤木 *Rhus chinensis* Mill.

漆 *Toxicodendron vernicifluum*（Stokes）F. A. Barkl.

野漆 *Toxicodendron succedaneum*（L.）O. Kuntze

毛黄栌 *Cotinus coggygria* var. *pubescens* Engl.

红叶 *Cotinus coggygria* var. *cinerea* Engl.

卫矛科 Celastraceae

苦皮藤 *Celastrus angulatus* Maxim.

南蛇藤 *Celastrus orbiculatus* Thunb.

粉背南蛇藤 *Celastrus hypoleucus*（Oliv.）Warb. ex Loes.

省沽油科 Staphyleaceae

膀胱果 *Staphylea holocarpa* Hemsl.

省沽油 *Staphylea bumalda* DC.

山茱萸科 Cornaceae

毛梾 *Cornus walteri* Wangerin

沙梾 *Cornus bretschneideri* L. Henry

红瑞木 *Cornus alba* Linnaeus

茄科 Solanaceae

酸浆 *Alkekengi officinarum* Moench

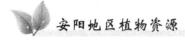

枸杞 *Lycium chinense* Miller

无患子科 Sapindaceae
栾树 *Koelreuteria paniculata* Laxm.
元宝槭 *Acer truncatum* Bunge
葛萝枫 *Acer davidii* subsp. *grosseri*（Pax）P. C. de Jong
青榨槭 *Acer davidii* Franch.
三角枫 *Acer buergerianum* Miq.

鼠李科 Rhamnaceae
圆叶鼠李 *Rhamnus globosa* Bunge
鼠李 *Rhamnus davurica* Pall.
锐齿鼠李 *Rhamnus arguta* Maxim.

葡萄科 Vitaceae
山葡萄 *Vitis amurensis* Rupr.

木樨科 Oleaceae
连翘 *Forsythia suspensa*（Thunb.）Vahl
流苏树 *Chionanthus retusus* Lindl. et Paxt.
小叶梣 *Fraxinus bungeana* DC.

唇形科 Lamiaceae
野芝麻 *Lamium barbatum* Sieb. et Zucc.
紫苏 *Perilla frutescens*（L.）Britt.

芝麻科 Pedaliaceae
芝麻 *Sesamum indicum* L.

五福花科 Adoxaceae
桦叶荚蒾 *Viburnum betulifolium* Batal.
陕西荚蒾 *Viburnum schensianum* Maxim.

安息香科 Styracaceae

玉铃花 *Styrax obassis* Siebold & Zuccarini

忍冬科 Caprifoliaceae

金银忍冬 *Lonicera maackii*（Rupr.）Maxim.

葫芦科 Cucurbitaceae

赤瓟 *Thladiantha dubia* Bunge

栝楼 *Trichosanthes kirilowii* Maxim.

桔梗科 Campanulaceae

桔梗 *Platycodon grandiflorus*（Jacq.）A. DC.

菊科 Asteraceae

牛蒡 *Arctium lappa* L.

苍耳 *Xanthium strumarium* L.

苣荬菜 *Sonchus wightianus* DC.

小花鬼针草 *Bidens parviflora* Willd.

鸭跖草科 Commelinaceae

鸭跖草 *Commelina communis* L.

禾本科 Poaceae

白草 *Pennisetum flaccidum* Grisebach

第六章　纤维植物资源

第一节　概　况

纤维植物是指草本植物的根、茎、叶,木本植物的茎皮、木质部等器官或组织含纤维,可以用来加工制作绳索、编织器具或可作纺织、造纸原料的植物。安阳地区纤维植物资源丰富,种类繁多,据调查统计,该地区分布有纤维植物108种(含亚种、变种及变型),它们分属28科(见表6-1)。

表6-1　安阳地区纤维植物资源种类

序号	科	种	说明
1	杨柳科 Salicaceae	6	
2	胡桃科 Juglandaceae	1	
3	桦木科 Betulaceae	1	
4	榆科 Ulmaceae	6	
5	大麻科 Cannabaceae	4	
6	桑科 Moraceae	6	
7	荨麻科 Urticaceae	10	
8	木通科 Lardizabalaceae	1	
9	五味子科 Schisandraceae	1	
10	豆科 Fabaceae	9	
11	蒺藜科 Zygophyllaceae	1	
12	卫矛科 Celastraceae	2	
13	亚麻科 Linaceae	1	
14	无患子科 Sapindaceae	5	
15	锦葵科 Malvaceae	9	
16	猕猴桃科 Actinidiaceae	1	
17	柽柳科 Tamaricaceae	1	
18	山茱萸科 Cornaceae	2	
19	夹竹桃科 Apocynaceae	6	

续表 6-1

序号	科	种	说明
20	唇形科 Lamiaceae	3	
21	胡麻科 Pedaliaceae	1	
22	忍冬科 Caprifoliaceae	1	
23	菊科 Asteraceae	4	
24	香蒲科 Typhaceae	1	
25	禾本科 Poaceae	18	
26	莎草科 Cyperaceae	5	
27	鸢尾科 Iridaceae	2	
28	菖蒲科 Acoraceae	1	

第二节　安阳地区主要纤维植物简介

一、旱柳　*Salix matsudana*

形态特征：俗称柳树，杨柳科落叶乔木。树冠广圆形；树皮暗灰黑色，有裂沟；枝细长，直立或斜展。单叶互生，叶披针形，先端长渐尖。花单性，雌雄异株，葇荑花序直立。花序与叶同时开放。蒴果，种子极小，暗褐色，具长绵毛。花期 4 月，果期 4—5 月。

分布范围：产于我国华北、东北、西北淮河流域以及华东地区。安阳地区广为分布，为平原地区常见树种。

纤维资源：旱柳枝条柔软，富含纤维，夏季采割枝条，剥皮晒干，韧皮纤维代麻用，制作绳索、造纸等。

二、青檀　*Pteroceltis tatarinowii*

形态特征：大麻科落叶乔木；树皮灰色或深灰色，不规则的长片状剥落。单叶互生，叶纸质，宽卵形至长卵形，先端渐尖至尾状渐尖，基部不对称，边缘有不整齐的锯齿，基部 3 出脉。翅果状坚果近圆形或近四方形，黄绿色或黄褐色。花期 3—5 月，果期 8—10 月。

分布范围：产于我国华北、华中、西北、华东、西南等地区。安阳太行山区有分布，多生于山谷石灰岩山地疏林中，平原地区多栽培。

纤维资源:青檀的茎皮和枝皮可提取纤维,其纤维是制造"宣纸"的主要原料。

三、构树 *Broussonetia papyrifera*

形态特征:俗称褚桃树,桑科落叶乔木;树皮暗灰色。单叶互生,叶螺旋状排列,广卵形至长椭圆状卵形,边缘具粗锯齿,有时 3~5 裂,表面粗糙,疏生糙毛,背面密被茸毛,基生叶脉三出。花雌雄异株;雄花序为葇荑花序;雌花序球形头状。聚花果,成熟时橙红色,肉质;瘦果具柄,表面有小瘤。花期 4—5 月,果期 6—7 月。

分布范围:产于我国南北各地。安阳地区广为分布。

纤维资源:枝皮富含高级纤维,可用作造纸、人造棉等。

四、大麻 *Cannabis sativa* L.

形态特征:大麻科一年生直立草本,枝具纵沟槽,密生灰白色贴伏毛。叶掌状全裂,裂片披针形或线状披针形。花单性异株,雄花为疏散大圆锥花序;花黄绿色;雌花丛生于叶腋,雌花绿色。瘦果为宿存黄褐色苞片所包,果皮坚脆,表面具细网纹。花期 5—6 月,果期为 7 月。

分布范围:原产锡金、不丹、印度和中亚细亚,我国各地有栽培或沦为野生。安阳太行山区有分布,栽培或逸生。

纤维资源:茎皮纤维长而坚韧,可用以织麻布、纺线、制绳索、编织渔网和造纸。

五、桑 *Morus alba*

形态特征:桑科落叶乔木或为灌木。单叶互生,叶卵形或广卵形,边缘锯齿粗钝,有时叶为各种分裂。花单性,腋生或生于芽鳞腋内,与叶同时生出;雄花序下垂。聚花果卵状椭圆形,成熟时红色或暗紫色。花期 4—5 月,果期 5—8 月。

分布范围:产于我国南北各地。安阳地区广为分布。

纤维资源:树皮纤维柔细,可作纺织原料、造纸原料。

六、宽叶荨麻 *Urtica laetevirens* Maxim.

形态特征:荨麻科多年生草本。茎纤细,节间常较长,四棱形,近无刺毛或有稀疏的刺毛和疏生细糙毛,在节上密生细糙毛。单叶对生,叶常近膜质,卵形或披针形,向上的常渐变狭,边缘有锐或钝的牙齿或牙齿状锯齿,两面疏生刺毛和细糙毛。雌雄同株,雄花序近穗状,雄花无梗或具短梗。瘦果卵形,双凸透镜状。花期6—8月,果期8—9月。

分布范围:产于东北、华北、西北、华中等地区。安阳太行山区有分布。

纤维资源:茎皮纤维可作纺织原料。

七、胡枝子 *Lespedeza bicolor*

形态特征:豆科直立灌木。羽状复叶具3小叶;小叶质薄,卵形、倒卵形或卵状长圆形,先端钝圆或微凹,具短刺尖。总状花序腋生,比叶长,常构成大型、较疏松的圆锥花序;蝶形花冠红紫色。荚果斜倒卵形,表面具网纹,密被短柔毛。花期7—9月,果期9—10月。

分布范围:产于东北、华北、西北、华中、华东、华南等地区。安阳太行山区有分布,生于山坡、林缘、路旁、灌丛及杂木林间。

纤维资源:枝皮富含纤维,韧性强,可编筐、制绳、造纸用。

八、葛 *Pueraria montana* (Loureiro) Merrill

形态特征:豆科粗壮藤本,全体被黄色长硬毛,茎基部木质,有粗厚的块状根。羽状复叶具3小叶,小叶三裂。总状花序;花萼钟形;蝶形花花冠紫色。荚果长椭圆形,扁平,被褐色长硬毛。花期9—10月,果期11—12月。

分布范围:产于全国大部分地区。安阳山区广为分布。

纤维资源:茎皮纤维供织布、造纸、制绳用。

九、苘麻 *Abutilon theophrasti* Medicus

形态特征:锦葵科一年生亚灌木状草本。单叶互生,圆心形,先端长渐尖,基部心形,边缘具细圆锯齿,两面均密被星状柔毛。花单生于叶腋,黄色,花瓣倒卵形。蒴果半球形;种子肾形,褐色,被星状柔毛。花期7—8月。

分布范围:产于全国各地。安阳地区广为分布,生于河湖、池塘、沟渠沿岸和低湿地。

纤维资源:茎皮富含纤维,可织麻袋、制绳索、编麻鞋,也可做造纸原料。

十、芦苇 *Phragmites australis*

形态特征:禾本科多年生草本,根状茎发达。秆直立,具多节。叶鞘下部者短于节间而上部者长于其节间;叶舌边缘密生一圈短纤毛;叶片披针状线形,顶端长渐尖成丝形。圆锥花序大型,分枝多数,着生稠密下垂的小穗;颖果。

分布范围:产于全国各地。安阳地区广为分布,生于河湖、池塘、沟渠沿岸和低湿地。

纤维资源:茎秆纤维可作为造纸原料,也可作编席、织帘及建棚材料。

第三节　安阳地区纤维植物名录

杨柳科 Salicaceae

毛白杨 *Populus tomentosa*

山杨 *Populus davidiana*

小叶杨 *Populus simonii*

腺柳 *Salix chaenomeloides*

垂柳 *Salix babylonica*

旱柳 *Salix matsudana*

胡桃科 Juglandaceae

枫杨 *Pterocarya stenoptera* C. DC.

桦木科 Betulaceae

红桦 *Betula albosinensis* Burkill

榆科 Ulmaceae

大果榆 *Ulmus macrocarpa*

榆树 *Ulmus pumila*

春榆 *Ulmus davidiana* var. *japonica*

脱皮榆 *Ulmus lamellosa*

刺榆 *Hemiptelea davidii*

大果榉 *Zelkova sinic*

大麻科 Cannabaceae

大叶朴 *Celtis koraiensis*

黑弹树 *Celtis bungeana*

青檀 *Pteroceltis tatarinowii*
大麻 *Cannabis sativa* L.

桑科 Moraceae
桑 *Morus alba*
蒙桑 *Morus mongolica*
鸡桑 *Morus australis*
构树 *Broussonetia papyrifera*
柘 *Maclura tricuspidata*
葎草 *Humulus scandens*（Lour.）Merr.

荨麻科 Urticaceae
宽叶荨麻 *Urtica laetevirens* Maxim.
狭叶荨麻 *Urtica angustifolia* Fisch. ex Hornem.
大蝎子草 *Girardinia diversifolia*（Link）Friis
蝎子草 *Girardinia diversifolia* subsp. *suborbiculata*
艾麻 *Laportea cuspidata*（Wedd.）Friis
珠芽艾麻 *Laportea bulbifera*（Sieb. et Zucc.）Wedd.
悬铃叶苎麻 *Boehmeria tricuspis*（Hance）Makino
小赤麻 *Boehmeria spicata*（Thunb.）Thunb.
赤麻 *Boehmeria silvestrii*（Pampanini）W. T. Wang
野线麻 *Boehmeria japonica*

木通科 Lardizabalaceae
三叶木通 *Akebia trifoliata*

五味子科 Schisandraceae
五味子 *Schisandra chinensis*（Turcz.）Baill.

豆科 Fabaceae
刺槐 *Robinia pseudoacacia* L.
胡枝子 *Lespedeza bicolor* Turcz.
美丽胡枝子 *Lespedeza thunbergii* subsp. *formosa*（Vogel）H. Ohashi

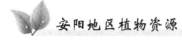

绿叶胡枝子 *Lespedeza buergeri* Miq.

短梗胡枝子 *Lespedeza cyrtobotrya* Miq.

茸毛胡枝子 *Lespedeza tomentosa*（Thunb.）Sieb.

葛 *Pueraria montana*（Loureiro）Merrill

苦参 *Sophora flavescens* Alt.

杭子梢 *Campylotropis macrocarpa*（Bge.）Rehd.

蒺藜科 Zygophyllaceae

蒺藜 *Tribulus terrestris* Linnaeus

卫矛科 Celastraceae

苦皮藤 *Celastrus angulatus* Maxim.

南蛇藤 *Celastrus orbiculatus* Thunb.

亚麻科 Linaceae

野亚麻 *Linum stelleroides* Planch.

无患子科 Sapindaceae

栾树 *Koelreuteria paniculata* Laxm.

元宝槭 *Acer truncatum* Bunge

葛萝枫 *Acer davidii* subsp. *grosseri*（Pax）P. C. de Jong

青榨槭 *Acer davidii* Franch.

菝葜科 *Smilacaceae*

锦葵科 Malvaceae

少脉椴 *Tilia paucicostata* Maxim.

扁担杆 *Grewia biloba* G. Don

小花扁担杆 *Grewia biloba* var. *parviflora*

苘麻 *Abutilon theophrasti* Medicus

田麻 *Corchoropsis crenata* Siebold & Zuccarini

光果田麻 *Corchoropsis crenata* var. *hupehensis* Pampanini

野西瓜苗 *Hibiscus trionum* L.

陆地棉 *Gossypium hirsutum* L.

蜀葵 *Alcea rosea* Linnaeus

猕猴桃科 Actinidiaceae

软枣猕猴桃 *Actinidia arguta*（Sieb. et Zucc.）Planch. ex Miq.

柽柳科 Tamaricaceae

柽柳 *Tamarix chinensis* Lour.

山茱萸科 Cornaceae

八角枫 *Alangium chinense*（Lour.）Harms

瓜木 *Alangium platanifolium*（Sieb.et Zucc.）Harms

夹竹桃科 Apocynaceae

络石 *Trachelospermum jasminoides*（Lindl.）Lem.

罗布麻 *Apocynum venetum* L.

杠柳 *Periploca sepium* Bunge

牛皮消 *Cynanchum auriculatum* Royle ex Wight

萝藦 *Metaplexis japonica*（Thunb.）Makino

变色白前 *Cynanchum versicolor* Bunge

唇形科 Lamiaceae

黄荆 *Vitex negundo* L.

牡荆 *Vitex negundo* var. *cannabifolia*

荆条 *Vitex negundo* var. *heterophylla*（Franch.）Rehd.

胡麻科 Pedaliaceae

芝麻 *Sesamum indicum* L.

忍冬科 Caprifoliaceae

金银忍冬 *Lonicera maackii*（Rupr.）Maxim.

菊科 Asteraceae

牛蒡 *Arctium lappa* L.

黄花蒿 *Artemisia annua* L.

蒙古蒿 *Artemisia mongolica* (Fisch. ex Bess.) Nakai

苍耳 *Xanthium strumarium* L.

香蒲科 Typhaceae

香蒲 *Typha orientalis* Presl

禾本科 Poaceae

芨芨草 *Achnatherum splendens* (Trin.) Nevski

京芒草 *Achnatherum pekinense* (Hance) Ohwi

芦苇 *Phragmites australis* (Cav.) Trin. ex Steud.

野青茅 *Deyeuxia pyramidalis* (Host) Veldkamp

拂子茅 *Calamagrostis epigeios* (L.) Rothjia

假苇拂子茅 *Calamagrostis pseudophragmites*

毛杆野古草 *Arundinella hirta* (Thunb.) Tanaka

荻 *Miscanthus sacchariflorus* (Maximowicz) Hackel

芒 *Miscanthus sinensis* Anderss.

大油芒 *Spodiopogon sibiricus* Trin.

白草 *Pennisetum flaccidum* Grisebach

橘草 *Cymbopogon goeringii* (Steud.) A. Camus

黄背草 *Themeda triandra* Forsk.

牛筋草 *Eleusine indica* (L.) Gaertn.

狼尾草 *Pennisetum alopecuroides* (L.) Spreng.

白茅 *Imperata cylindrica* (L.) Beauv.

狗尾草 *Setaria viridis* (L.) Beauv.

荩草 *Arthraxon hispidus* (Trin.) Makino

莎草科 Cyperaceae

水虱草 *Fimbristylis littoralis* Grandich

三棱水葱 *Schoenoplectus triqueter* (Linnaeus) Palla

萤蔺 *Schoenoplectus juncoides* (Roxburgh) Palla

扁杆荆三棱 *Bolboschoenus planiculmis*

荆三棱 *Bolboschoenus yagara* (Ohwi) Y. C. Yang & M. Zhan

鸢尾科 Iridaceae

马蔺 *Iris lactea* Pall.

射干 *Belamcanda chinensis*（L.）Redouté

菖蒲科 Acoraceae

菖蒲 *Acorus calamus* L.

第七章　饲料植物资源

第一节　概　况

饲料植物是指可以饲喂家禽、家养动物及牲口的植物。安阳地区饲料植物资源丰富,种类繁多,据调查统计,该地区分布有饲料植物 212 种(含亚种、变种及变型),它们分属 46 科(见表 7-1)。

表 7-1　安阳地区饲料植物资源种类

序号	科	种	说明
1	木贼科 Equisetaceae	1	
2	槐叶蘋科 Salviniaceae	3	
3	壳斗科 Fagaceae	4	
4	榆科 Ulmaceae	2	
5	大麻科 Cannabaceae	2	
6	桑科 Moraceae	3	
7	荨麻科 Urticaceae	1	
8	蓼科 Polygonaceae	4	
9	苋科 Amaranthaceae	10	
10	马齿苋科 Portulacaceae	1	
11	石竹科 Caryophyllaceae	4	
12	金鱼藻科 Ceratophyllaceae	1	
13	十字花科 Brassicaceae	16	
14	蔷薇科 Rosaceae	6	
15	豆科 Fabaceae	33	
16	酢浆草科 Oxalidaceae	1	
17	牻牛儿苗科 Geraniaceae	4	
18	大戟科 Euphorbiaceae	1	
19	漆树科 Anacardiaceae	1	
20	卫矛科 Celastraceae	2	

续表7-1

序号	科	种	说明
21	鼠李科 Berchemia	1	
22	锦葵科 Malvaceae	2	
23	猕猴桃科 Actinidiaceae	1	
24	柽柳科 Tamaricaceae	1	
25	堇菜科 Violaceae	6	
26	千屈菜科 Lythraceae	3	
27	柳叶菜科 Onagraceae	1	
28	伞形科 Apiaceae	1	
29	报春花科 Primulaceae	2	
30	夹竹桃科 Apocynaceae	1	
31	旋花科 Convolvulaceae	2	
32	紫草科 Boraginaceae	2	
33	马鞭草科 Verbenaceae	1	
34	唇形科 Lamiaceae	6	
35	茄科 Solanaceae	3	
36	玄参科 Scrophulariaceae	3	
37	车前科 Plantaginaceae	3	
38	菊科 Asteraceae	21	
39	眼子菜科 Potamogetonaceae	3	
40	泽泻科 Alismataceae	2	
41	水鳖科 Hydrocharitaceae	1	
42	禾本科 Poaceae	38	
43	莎草科 Cyperaceae	3	
44	天南星科 Araceae	2	
45	鸭跖草科 Commelinaceae	2	
46	菝葜科 Smilacaceae	1	

第二节　安阳地区主要饲料植物简介

一、反枝苋　*Amaranthus retroflexus* L.

形态特征:苋科一年生草本;茎直立,粗壮,单一或分枝,淡绿色。单叶互生,叶片菱状卵形或椭圆状卵形。圆锥花序顶生及腋生,直立,由多数穗状花序形成。胞果扁卵形,环状横裂。种子近球形,棕色或黑色。花期 7—8 月,果期 8—9 月。

分布范围:产于东北、华北、西北、华中等地区。安阳地区广为分布。
饲料价值:嫩茎叶为优良的家畜饲料。

二、鹅肠菜 *Myosoton aquaticum*（L.）Moench

形态特征:石竹科二年生或多年生草本,具须根。茎上升,多分枝。单叶对生,叶片卵形或宽卵形。二歧聚伞花序顶生;花瓣白色,2 深裂至基部。蒴果卵圆形,稍长于宿存萼;种子近肾形,褐色,具小疣。花期 5—8 月,果期 6—9 月。

分布范围:产于我国南北各省。安阳地区广为分布。
饲料价值:幼苗为优良的家畜饲料。

三、白羊草 *Bothriochloa ischaemum*（Linnaeus）Keng

形态特征:禾本科多年生草本。秆丛生,直立或基部倾斜,具 3 至多节;叶鞘无毛,多密集于基部而相互跨覆,常短于节间;叶舌膜质,具纤毛;叶片线形。总状花序 4 至多数着生于秆顶呈指状,纤细,灰绿色或带紫褐色。花果期秋季。

分布范围:产于全国各地。安阳地区广为分布,生于山坡草地和荒地。
饲料价值:优良的牧草。

四、荩草 *Arthraxon hispidus*（Trin.）Makino

形态特征:禾本科一年生草本。秆细弱,基部倾斜,具多节,常分枝,基部节着地易生根。叶鞘短于节间,生短硬疣毛;叶舌膜质,边缘具纤毛;叶片卵状披针形,基部心形,抱茎。总状花序,呈指状排列或簇生于秆顶。颖果长圆形。花果期 9—11 月。

分布范围:产于全国各地。安阳地区广为分布,生于山坡草地阴湿处。
饲料价值:可做牧草。

五、草木樨 *Melilotus officinalis*（L.）Pall.

形态特征:豆科二年生草本。茎直立,粗壮,多分枝,具纵棱。羽状三出复叶;小叶倒卵形、阔卵形、倒披针形至线形,先端钝圆或截形,基部阔楔形,边缘具不整齐疏浅齿。总状花序腋生,具花多朵;蝶形花,花冠黄色。荚果卵形,先端具宿存花柱,表面具凹凸不平的横向细网纹,棕黑色。种子卵形,黄褐色,平滑。花期5—9月,果期6—10月。

分布范围:产于东北、华南、西南各地。安阳地区有分布,生于山坡、河岸、路旁、沙质草地及林缘。

饲料价值:为优良的牧草。

六、短梗胡枝子

形态特征:禾本科多年生草本。秆丛生,直立或基部倾斜,具3至多节;叶鞘无毛,多密集于基部而相互跨覆,常短于节间;叶舌膜质,具纤毛;叶片线形。总状花序4至多数,着生于秆顶,呈指状,纤细,灰绿色或带紫褐色。花果期秋季。

分布范围:产于全国各地。安阳地区广为分布,生于山坡草地和荒地。

饲料价值:叶可作饲料。

七、歪头菜　*Vicia unijuga* A. Br.

形态特征:豆科多年生草本。根茎粗壮近木质。通常数茎丛生,具棱。二叶复叶,小叶一对,卵状披针形或近菱形,先端渐尖,边缘具小齿状,基部楔形,两面均疏被微柔毛。总状花序;花萼紫色;花冠蓝紫色、紫红色或淡蓝色。荚果扁、长圆形。种子扁圆球形。花期6—7月,果期8—9月。

分布范围:产于东北、华北、华东、西南地区。安阳太行山区有分布,生于山地、林缘、草地、沟边及灌丛。

饲料价值:为优良牧草。

八、确山野豌豆　*Vicia kioshanica* Bailey

形态特征:豆科多年生草本,根茎粗壮、多分支。偶数羽状复叶顶端卷须单一或有分支;托叶半箭头形;小叶近互生,革质,长圆形或线形。总状花序长,柔软而弯曲,明显长于叶;花萼钟状,花冠紫色或紫红色。荚果菱形或长圆形,深褐色。种子扁圆形。花期4—6月,果期6—9月。

分布范围:产于华北、华东、西北等地区。安阳太行山区有分布,生于山地、林缘、草地、沟边及灌丛。

饲料价值:茎、叶可作饲料。

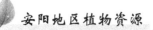

九、大花野豌豆 *Vicia bungei* Ohwi

形态特征:豆科一、二年生缠绕或匍匐草本。茎有棱,多分枝,偶数羽状复叶顶端卷须有分枝;小叶 3~5 对,长圆形或狭倒卵长圆形,先端平截微凹。总状花序长于叶或与叶轴近等长;萼钟形;花冠红紫色或金蓝紫色。荚果扁长圆形。种子球形。花期 4—5 月,果期 6—7 月。

分布范围:产于东北、华北、西北、华东及西南等地。安阳地区有分布,生于山地、林缘、草地、沟边。

饲料价值:茎、叶可作饲料。

十、刺槐 *Robinia pseudoacacia* L.

形态特征:豆科落叶乔木;树皮灰褐色至黑褐色,浅裂至深纵裂。羽状复叶;小叶常对生,椭圆形、长椭圆形或卵形,全缘。总状花序腋生,下垂,花多数,芳香;花冠白色。荚果褐色,或具红褐色斑纹,线状长圆形,扁平,先端上弯,具尖头,果颈短,沿腹缝线具狭翅;花萼宿存;种子褐色至黑褐色,近肾形。花期 4—6 月,果期 8—9 月。

分布范围:原产美国,现全国各地广泛栽植。安阳地区广为分布。

饲料价值:叶可做家畜饲料。

第三节　安阳地区饲料植物名录

木贼科 Equisetaceae

问荆 *Equisetum arvense*

槐叶蘋科 Salviniaceae

槐叶蘋 *Salvinia natans*

蘋 *Marsilea quadrifolia* L.Sp.

满江红 *Azolla pinnata* subsp. *asiatica*

壳斗科 Fagaceae

栓皮栎 *Quercus variabilis*

麻栎 *Quercus acutissima*

槲栎 *Quercus aliena*

槲树 *Quercus dentata*

榆科 Ulmaceae
榆树 *Ulmus pumila*
刺榆 *Hemiptelea davidii*（Hance）Planch.

大麻科 Cannabaceae
大叶朴 *Celtis koraiensis*
大麻 *Cannabis sativa* L.

桑科 Moraceae
桑 *Morus alba*
构树 *Broussonetia papyrifera*
柘 *Maclura tricuspidata*

荨麻科 Urticaceae
悬铃叶苎麻 *Boehmeria tricuspis*（Hance）Makino

蓼科 Polygonaceae
萹蓄 *Polygonum aviculare*
习见蓼 *Polygonum plebeium* R. Br.
红蓼 *Polygonum orientale* L.
齿果酸模 *Rumex dentatus* L.

苋科 Amaranthaceae
地肤 *Kochia scoparia*
藜 *Chenopodium album*
猪毛菜 *Salsola collina*
反枝苋 *Amaranthus retroflexus* L.
刺苋 *Amaranthus spinosus*
凹头苋 *Amaranthus blitum*
皱果苋 *Amaranthus viridis*
繁穗苋 *Amaranthus cruentus*

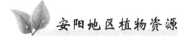

尾穗苋 *Amaranthus caudatus*
喜旱莲子草 *Alternanthera philoxeroides*

马齿苋科 Portulacaceae
马齿苋 *Portulaca oleracea* L.

石竹科 Caryophyllaceae
牛繁缕 *Myosoton aquaticum*（L.）Moench
中国繁缕 *Stellaria chinensis* Regel
长蕊石头花 *Gypsophila oldhamiana* Miq.
麦蓝菜 *Vaccaria hispanica*（Miller）Rauschert

金鱼藻科 Ceratophyllaceae
金鱼藻 *Ceratophyllum demersum* L.

十字花科 Brassicaceae
沼生蔊菜 *Rorippa palustris*
细子蔊菜 *Rorippa cantoniensis*
风花菜 *Rorippa globosa*
蔊菜 *Rorippa indica*
无瓣蔊菜 *Rorippa dubia*
柱毛独行菜 *Lepidium ruderale*
独行菜 *Lepidium apetalum*
北美独行菜 *Lepidium virginicum*
荠 *Capsella bursa-pastoris*
诸葛菜 *Orychophragmus violaceus*
水田碎米荠 *Cardamine lyrata*
碎米荠 *Cardamine hirsuta*
豆瓣菜 *Nasturtium officinale*
播娘蒿 *Descurainia sophia*
小花糖芥 *Erysimum cheiranthoides*
涩荠 *Malcolmia africana*

蔷薇科 Rosaceae

路边青 *Geum aleppicum* Jacq.

委陵菜 *Potentilla chinensis*

三叶委陵菜 *Potentilla freyniana* Bornm.

多茎委陵菜 *Potentilla multicaulis* Bge.

朝天委陵菜 *Potentilla supina* L.

蕨麻 *Potentilla anserina* L.

豆科 Fabaceae

刺槐 *Robinia pseudoacacia* L.

紫苜蓿 *Medicago sativa* L.

天蓝苜蓿 *Medicago lupulina*

小苜蓿 *Medicago minima*（L.）Grufb.

印度草木樨 *Melilotus indicus*（Linnaeus）Allioni

草木樨 *Melilotus officinalis*（L.）Pall.

野大豆 *Glycine soja* Sieb. et Zucc.

背扁膨果豆 *Phyllolobium chinense* Fisch. ex DC.

大花野豌豆 *Vicia bungei*

山野豌豆 *Vicia amoena*

确山野豌豆 *Vicia kioshanica* Bailey

广布野豌豆 *Vicia cracca* L.

歪头菜 *Vicia unijuga*

斜茎黄耆 *Astragalus laxmannii*

糙叶黄耆 *Astragalus scaberrimus* Bunge

地角儿苗 *Oxytropis bicolor*

米口袋 *Gueldenstaedtia verna*（Georgi）Boriss.

狭叶米口袋 *Gueldenstaedtia stenophylla* Bunge

鸡眼草 *Kummerowia striata*（Thunb.）Schindl.

长萼鸡眼草 *Kummerowia stipulacea*（Maxim.）Makino

胡枝子 *Lespedeza bicolor*

茸毛胡枝子 *Lespedeza tomentosa*（Thunb.）Sieb.

绿叶胡枝子 *Lespedeza buergeri*

短梗胡枝子 *Lespedeza cyrtobotrya*

美丽胡枝子 *Lespedeza thunbergii* subsp. *formosa*（Vogel）H. Ohashi

细梗胡枝子 *Lespedeza virgata*（Thunb.）DC.

多花胡枝子 *Lespedeza floribunda* Bunge

达乌里胡枝子 *Lespedeza davurica*（Laxmann）Schindler

尖叶铁扫帚 *Lespedeza juncea*（L. f.）Pers.

截叶铁扫帚 *Lespedeza cuneata*（Dum.-Cours.）G. Don

铁马鞭 *Lespedeza pilosa*（Thunb.）Sieb. et Zucc.

杭子梢 *Campylotropis macrocarpa*（Bge.）Rehd.

长柄山蚂蝗 *Hylodesmum podocarpum*（Candolle）H. Ohashi & R. R. Mill

酢浆草科 Oxalidaceae

酢浆草 *Oxalis corniculata* L.

牻牛儿苗科 Geraniaceae

老鹳草 *Geranium wilfordii* Maxim.

鼠掌老鹳草 *Geranium sibiricum* L.

野老鹳草 *Geranium carolinianum* L.

牻牛儿苗 *Erodium stephanianum* Willd.

大戟科 Euphorbiaceae

铁苋菜 *Acalypha australis* L.

漆树科 Anacardiaceae

盐肤木 *Rhus chinensis*

卫矛科 Celastraceae

卫矛 *Euonymus alatus*

南蛇藤 *Celastrus orbiculatus* Thunb.

鼠李科 Berchemia

酸枣 *Ziziphus jujuba* var. *spinosa*

锦葵科 Malvaceae

圆叶锦葵 *Malva pusilla* Smith

野西瓜苗 *Hibiscus trionum* L.

猕猴桃科 Actinidiaceae

软枣猕猴桃 *Actinidia arguta*

柽柳科 Tamaricaceae

柽柳 *Tamarix chinensis*

堇菜科 Violaceae

紫花地丁 *Viola philippica*

早开堇菜 *Viola prionantha*

斑叶堇菜 *Viola variegata* Fisch ex Link

鸡腿堇菜 *Viola acuminata* Ledeb.

球果堇菜 *Viola collina* Bess.

白花地丁 *Viola patrinii*

千屈菜科 Lythraceae

千屈菜 *Lythrum salicaria*

水苋菜 *Ammannia baccifera* L.

耳基水苋 *Ammannia auriculata* Willdenow

柳叶菜科 Onagraceae

柳叶菜 *Epilobium hirsutum*

伞形科 Apiaceae

鸭儿芹 *Cryptotaenia japonica* Hassk.

报春花科 Primulaceae

珍珠菜 *Lysimachia clethroides* Duby

狼尾花 *Lysimachia barystachys* Bunge

夹竹桃科 Apocynaceae

地梢瓜 *Cynanchum thesioides*（Freyn）K. Schum.

旋花科 Convolvulaceae

田旋花 *Convolvulus arvensis* L.

打碗花 *Calystegia hederacea*

紫草科 Boraginaceae

田紫草 *Lithospermum arvense* L.

附地菜 *Trigonotis peduncularis*（Trev.）Benth. ex Baker et Moore

马鞭草科 Verbenaceae

马鞭草 *Verbena officinalis* L.

唇形科 Lamiaceae

海州常山 *Clerodendrum trichotomum* Thunb.

宝盖草 *Lamium amplexicaule* L.

益母草 *Leonurus japonicus* Houttuyn

錾菜 *Leonurus pseudomacranthus* Kitagawa

风轮菜 *Clinopodium chinense*（Benth.）O. Ktze.

水苏 *Stachys japonica* Miq.

茄科 Solanaceae

苦蘵 *Physalis angulata* L.

枸杞 *Lycium chinense*

龙葵 *Solanum nigrum* L.

玄参科 Scrophulariaceae

通泉草 *Mazus pumilus*（N. L. Burman）Steenis

婆婆纳 *Veronica polita* Fries

水苦荬 *Veronica undulata* Wall.

车前科 Plantaginaceae

平车前 *Plantago depressa* Willd.

车前 *Plantago asiatica* L.

大车前 *Plantago major* L.

菊科 Asteraceae

马兰 *Aster indicus*

阿尔泰狗娃花 *Aster altaicus* Willd.

一年蓬 *Erigeron annuus*（L.）Pers.

小蓬草 *Erigeron canadensis* L.

茵陈蒿 *Artemisia capillaris* Thunb.

牡蒿 *Artemisia japonica* Thunb.

蒙古蒿 *Artemisia mongolica*（Fisch. ex Bess.）Nakai

大籽蒿 *Artemisia sieversiana* Ehrhart ex Willd.

野艾蒿 *Artemisia lavandulifolia* Candolle

狼杷草 *Bidens tripartita* L.

小花鬼针草 *Bidens parviflora* Willd.

婆婆针 *Bidens bipinnata* L.

刺儿菜 *Cirsium arvense* var. *integrifolium* C. Wimm.et Grabowski

苣荬菜 *Sonchus wightianus* DC.

苦苣菜 *Sonchus oleraceus* L.

中华苦荬菜 *Ixeris chinensis*（Thunb.）Nakai

泥胡菜 *Hemisteptia lyrata*（Bunge）Fischer & C. A. Meyer

鸦葱 *Scorzonera austriaca* Willd.

蒲公英 *Taraxacum mongolicum* Hand.-Mazz.

药用蒲公英 *Taraxacum officinale* F. H. Wigg.

黄鹌菜 *Youngia japonica*（L.）DC.

眼子菜科 Potamogetonaceae

眼子菜 *Potamogeton distinctus* A. Bennett

小眼子菜 *Potamogeton pusillus* L. L

菹草 *Potamogeton crispus* L.

泽泻科 Alismataceae

野慈姑 *Sagittaria trifolia*

水车前 *Ottelia alismoides*（L.）Pers.

水鳖科 Hydrocharitaceae

水鳖 *Hydrocharis dubia*（Bl.）Backer

禾本科 Poaceae

早熟禾 *Poa annua* L.

小画眉草 *Eragrostis minor* Host

大画眉草 *Eragrostis cilianensis*（All.）Link ex Vignolo-Lutati

臭草 *Melica scabrosa* Trin.

北京隐子草 *Cleistogenes hancei* Keng

乱子草 *Muhlenbergia huegelii* Trinius

鹅观草 *Elymus kamoji*（Ohwi）S. L. Chen

千金子 *Leptochloa chinensis*（L.）Nees

牛筋草 *Eleusine indica*（L.）Gaertn.

虎尾草 *Chloris virgata* Sw.

狗尾草 *Setaria viridis*（L.）Beauv.

狗牙根 *Cynodon dactylon*

茵草 *Beckmannia syzigachne*（Steud.）Fern.

野燕麦 *Avena fatua* L.

野青茅 *Deyeuxia pyramidalis*（Host）Veldkamp

梯牧草 *Phleum pratense* L.

棒头草 *Polypogon fugax* Nees ex Steud.

看麦娘 *Alopecurus aequalis* Sobol.

柳叶箬 *Isachne globosa*（Thunb.）Kuntze

求米草 *Oplismenus undulatifolius*（Arduino）Beauv.

稗 *Echinochloa crus-galli*（L.）P. Beauv.

马唐 *Digitaria sanguinalis*（L.）Scop.

金色狗尾草 *Setaria pumila*（Poiret）Roemer & Schultes

白茅 *Imperata cylindrica*（L.）Beauv.

虱子草 *Tragus berteronianus* Schultes

白茅 *Imperata cylindrica*（L.）Beauv.

荩草 *Arthraxon hispidus*（Trin.）Makino

白羊草 *Bothriochloa ischaemum*（Linnaeus）Keng

拂子茅 *Calamagrostis epigeios*（L.）Roth

毛秆野古草 *Arundinella hirta*（Thunb.）Tanaka

三芒草 *Aristida adscensionis* L.

鸭茅 *Dactylis glomerata* L.

粟草 *Milium effusum* L.

长芒草 *Stipa bungeana* Trin.

芨芨草 *Achnatherum splendens*（Trin.）Nevski

大油芒 *Spodiopogon sibiricus* Trin.

荻 *Miscanthus sacchariflorus*（Maximowicz）Hackel

双稃草 *Leptochloa fusca*

莎草科 Cyperaceae

香附子 *Cyperus rotundus* L.

翼果薹草 *Carex neurocarpa* Maxim.

尖嘴薹草 *Carex leiorhyncha* C. A. Mey.

天南星科 Araceae

紫萍 *Spirodela polyrhiza*（Linnaeus）Schleiden

浮萍 *Lemna minor* L.

鸭跖草科 Commelinaceae

鸭跖草 *Commelina communis* L.

饭包草 *Commelina benghalensis* Linnaeus

菝葜科 Smilacaceae

牛尾菜 *Smilax riparia* A. DC.

第八章　观赏植物资源

第一节　概　况

　　观赏植物是指可应用于园林绿化、观赏、地被草坪的各类植物。安阳地区观赏植物资源丰富，种类繁多，据调查统计，该地区分布有观赏植物资源437种(含亚种、变种及变型)，它们分属96科(见表8-1)。

表8-1　安阳地区观赏植物资源种类

序号	科	种	说明
1	卷柏科 Selaginellaceae	6	
2	碗蕨科 Dennstaedtiaceae	4	
3	球子蕨科 Onocleaceae	8	
4	木贼科 Equisetaceae	2	
5	凤尾蕨科 Pteridaceae	14	
6	蹄盖蕨科 Athyriaceae	9	
7	冷蕨科 Cystopteridaceae	1	
8	肿足蕨科 Hypodematiaceae	2	
9	铁角蕨科 Aspleniaceae	5	
10	鳞毛蕨科 Dryopteridaceae	5	
11	槐叶蘋科 Salviniaceae	2	
12	松科 Pinaceae	2	
13	柏科 Cupressaceae	2	
14	红豆杉科 Taxaceae	1	
15	杨柳科 Salicaceae	7	
16	胡桃科 Juglandaceae	3	
17	桦木科 Betulaceae	4	
18	壳斗科 Fagaceae	7	
19	榆科 Ulmaceae	6	
20	大麻科 Cannabaceae	3	

续表 8-1

序号	科	种	说明
21	桑科 Moraceae	5	
22	荨麻科 Urticaceae	2	
23	马兜铃科 Aristolochiaceae	2	
24	蓼科 Polygonaceae	4	
25	苋科 Amaranthaceae	3	
26	石竹科 Caryophyllaceae	6	
27	领春木科 Eupteleaceae	1	
28	毛茛科 Ranunculaceae	18	
29	木通科 Lardizabalaceae	1	
30	小檗科 Berberidaceae	3	
31	防己科 Menispermaceae	1	
32	五味子科 Schisandraceae Blume	2	
33	罂粟科 Papaveraceae	4	
34	十字花科 Brassicaceae	3	
35	景天科 Crassulaceae	6	
36	虎耳草科 Saxifragaceae	10	
37	蔷薇科 Rosaceae	31	
38	豆科 Fabaceae	19	
39	苦木科 Simaroubaceae	1	
40	楝科 Meliaceae	1	
41	大戟科 Euphorbiaceae	2	
42	叶下珠科 Phyllanthaceae	2	
43	漆树科 Anacardiaceae	5	
44	卫矛科 Celastraceae	8	
45	省沽油科 Staphyleaceae	2	
46	无患子科 Sapindaceae	5	
47	凤仙花科 Balsaminaceae	2	
48	鼠李科 Berchemia	6	
49	葡萄科 Vitaceae	5	
50	锦葵科 Malvaceae	5	
51	猕猴桃科 Actinidiaceae	2	

续表 8-1

序号	科	种	说明
52	柽柳科 Tamaricacea	2	
53	堇菜科 Violaceae	3	
54	秋海棠科 Begoniaceae	2	
55	瑞香科 Thymelaeaceae	1	
56	胡颓子科 Elaeagnaceae	2	
57	千屈菜科 Lythraceae	1	
58	柳叶菜科 Onagraceae	1	
59	山茱萸科 Cornaceae	6	
60	杜鹃花科 Ericaceae	1	
61	报春花科 Primulaceae	4	
62	柿树科 Ebenaceae	1	
63	安息香科 Styracaceae	1	
64	木樨科 Oleaceae	8	
65	龙胆科 Gentianaceae	2	
66	睡菜科 Menyanthaceae	1	
67	夹竹桃科 Apocynaceae	3	
68	旋花科 Convolvulaceae	4	
69	唇形科 Lamiaceae	21	
70	茄科 Solanaceae	3	
71	泡桐科 Paulowniaceae	3	
72	列当科 Orobanchaceae	9	
73	车前科 Plantaginaceae	1	
74	紫薇科 Bignoniaceae	4	
75	苦苣苔科 Gesneriaceae	2	
76	茜草科 Rubiaceae	2	
77	忍冬科 Caprifoliaceae	9	
78	五福花科 Adoxaceae	4	
79	川续断科 Dipsacaceae	1	
80	桔梗科 Campanulaceae	5	
81	菊科 Asteraceae	23	
82	香蒲科 Typhaceae	4	

续表 8-1

序号	科	种	说明
83	泽泻科 Alismataceae	1	
84	禾本科 Poaceae	5	
85	莎草科 Cyperaceae	3	
86	菖蒲科 Acoraceae	1	
87	天南星科 Araceae	3	
88	石蒜科 Amaryllidaceae	2	
89	百合科 Liliaceae	4	
90	阿福花科 Asphodelaceae	2	
91	天门冬科 Asparagaceae	10	
92	藜芦科 Melanthiaceae	2	
93	菝葜科 Smilacaceae	2	
94	薯蓣科 Dioscoreaceae	2	
95	鸢尾科 Iridaceae	4	
96	兰科 Orchidaceae	2	

第二节 安阳地区主要观赏植物简介

一、贯众 *Cyrtomium fortunei*

形态特征:鳞毛蕨科蕨类植物。叶簇生,一回羽状复叶;侧生羽片互生,披针形。孢子囊群生羽片背面;囊群盖圆形,盾状,全缘。

分布范围:产于华北、西北和长江流域等地区。安阳太行山区有分布,生于山区半阴湿润的山坡。

观赏价值:中型观叶蕨类植物,其叶形独特,碧绿靓丽,为优良的观叶植物,可盆栽观赏或地栽园林造景。

二、白皮松 *Pinus bungeana*

形态特征:俗称虎皮松、三针松、白骨松,松科常绿乔木。幼树树皮光滑,灰绿色,中老年树皮呈不规则的鳞状块片脱落,露出粉白色内皮,白褐相间成斑鳞状。针叶 3 针一束,粗硬。球果通常单生,初直立,后下垂,卵圆形。花期

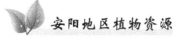

4—5月,球果次年10月成熟。

分布范围:产于山西、河南、陕西、甘肃、四川及湖北等地。安阳林州太行山区有分布,生于海拔600 m以上山地。

观赏价值:白皮松四季常青,树姿优美,为美丽的庭园树种,安阳地区园林绿化已广泛应用。

三、油松 *Pinus tabuliformis Carriere*

形态特征:松科常绿乔木。树皮呈不规则鳞状块片剥落;大树枝条轮生平展或向下斜展。针叶2针一束,深绿色,粗硬。花雌雄同株,雄球花圆柱形,在新枝下部聚生成穗状,雌球花单生靠近新枝顶部。球果卵形或圆卵形,熟时淡褐黄色;种子卵圆形,淡褐色有斑纹。花期4—5月,球果次年10月成熟。

分布范围:产于东北南部、华北、华中、西北、西南等地区。安阳太行山区广为分布,生于海拔600 m以上山地。

观赏价值:油松四季常青,株型挺拔苍劲,姿态优美,是优良的景观树种。安阳地区园林绿化已广泛应用。

四、诸葛菜 *Orychophragmus violaceus*

形态特征:俗称二月兰,十字花科一年或二年生草本;茎单一直立。基生叶及下部茎生叶大头羽状全裂。十字形花紫色、浅红色或褪成白色;花瓣宽倒卵形。长角果线形。种子卵形至长圆形,黑棕色,有纵条纹。花期4—5月,果期5—6月。

分布范围:产于华北、华中、华东等地区。安阳地区广为分布,生于平原、山地、路旁或地边。

观赏价值:诸葛菜开花早,常成片植于林下、路旁、花坛等,极具观赏效果。

五、山桃 *Amygdalus davidiana*

形态特征:蔷薇科落叶乔木;树皮暗紫色,光滑。单叶互生,叶片卵状披针形,先端渐尖,基部楔形,两面无毛,叶边具细锐锯齿。花单生,先于叶开放;花瓣倒卵形或近圆形,粉红色。果实近球形,淡黄色;核球形或近球形,两侧不压扁,表面具纵、横沟纹和孔穴。花期3—4月,果期7—8月。

分布范围:产于华北、华中、西北、西南等地区。安阳太行山区广为分布,生于山坡、山谷沟底。

观赏价值:为传统园林观赏植物。安阳地区园林绿化已广泛应用。

六、太平花 *Philadelphus pekinensis*

形态特征:蔷薇科落叶灌木。单叶对生,叶卵形或阔椭圆形,边缘具锯齿,两面无毛。总状花序;花瓣白色,倒卵形。蒴果近球形或倒圆锥形,宿存萼裂片近顶生;种子具短尾。花期5—7月,果期8—10月。

分布范围:产于东北、华北、华中等地区。安阳林州太行山区有分布,生于山坡杂木林中或灌丛中。

观赏价值:太平花枝叶繁茂,花色洁白,为优良的春季观赏花木。

七、三裂绣线菊 *Spiraea trilobata*

形态特征:蔷薇科落叶灌木;小枝细瘦、稍呈“之”字形弯曲。单叶互生,叶片近圆形,先端钝,常 3 裂,两面无毛。伞形花序;花瓣白色,宽倒卵形。蓇葖果开张,具直立萼片。花期5—6月,果期7—8月。

分布范围:产于东北、华北、华东、西北等省区。安阳林州太行山区广为分布。

观赏价值:三裂绣线菊树姿优美,花朵小巧密集,布满枝头,为优良的观花观叶树种。

八、栾树 *Koelreuteria paniculata*

形态特征:无患子科落叶乔木。叶一回或二回羽状复叶;小叶无柄或具极短的柄,对生或互生,纸质,卵形、阔卵形至卵状披针形,边缘有不规则的钝锯齿。聚伞圆锥花序;花瓣 4,开花时橙红色。蒴果圆锥形,具 3 棱;种子近球形。花期6—8月,果期9—10月。

分布范围:产于东北自辽宁起经中部至西南地区。安阳地区广为分布。

观赏价值:栾树枝叶茂密,花期长,果形奇特美观,为优良的园林景观树种。

九、毛梾 *Cornus walteri*

形态特征:山茱萸科落叶乔木;树皮黑褐色,纵裂而又横裂成块状。单叶对生,纸质,椭圆形、长圆椭圆形或阔卵形。伞房状聚伞花序顶生,花密;花白色,有香味;花瓣 4,长圆披针形。核果球形,成熟时黑色;核骨质,扁圆球形,有不明显的肋纹。花期5月,果期9月。

分布范围:产于华北、华东、华中、华南、西南各省区。安阳林州太行山区有分布,生于山地杂木林中。

观赏价值: 为优良的园林绿化树种,可用作庭荫树、行道树。安阳地区园林绿化已广泛应用。

十、山麦冬 *Liriope spicata*

形态特征: 天门冬科多年生常绿草本。叶线形,先端急尖或钝,基部常包以褐色的叶鞘,上面深绿色,背面粉绿色,具 5 条脉。花葶通常长于或几等长于叶,少数稍短于叶;总状花序具多数花;花淡紫色或淡蓝色。种子近球形。花期 5—7 月,果期 8—10 月。

分布范围: 除东北、西北外,我国大部分省区有分布。安阳林州太行山区有分布,生于山坡、山谷林下、路旁或湿地。

观赏价值: 为常见栽培的观赏植物。常植于林下、路边,为优良的耐阴地被物。

第三节　安阳地区观赏植物名录

卷柏科 Selaginellaceae
卷柏 *Selaginella tamariscina*
兖州卷柏 *Selaginella involvens*
垫状卷柏 *Selaginella pulvinata*
红枝卷柏 *Selaginella sanguinolenta*
蔓出卷柏 *Selaginella davidii*
旱生卷柏 *Selaginella stauntoniana*

碗蕨科 Dennstaedtiaceae
溪洞碗蕨 *Dennstaedtia wilfordii*
细毛碗蕨 *Dennstaedtia hirsuta*
姬蕨 *Hypolepis punctata*
蕨 *Pteridium aquilinum* var. *latiusculum*

球子蕨科 Onocleaceae
中华荚果蕨 *Pentarhizidium intermedium*

荚果蕨 *Matteuccia struthiopteris*
水龙骨科 *Polypodiaceae*
中华水龙骨 *Goniophlebium chinense*
瓦韦 *Lepisorus thunbergianus*
乌苏里瓦韦 *Lepisorus ussuriensis*
华北石韦 *Pyrrosia davidii*
有柄石韦 *Pyrrosia petiolosa*

木贼科 Equisetaceae
问荆 *Equisetum arvense*
节节草 *Equisetum ramosissimum*

凤尾蕨科 Pteridaceae
小叶中国蕨 *Aleuritopteris albofusca*
银粉背蕨 *Aleuritopteris argentea*
陕西粉背蕨 *Aleuritopteris argentea* var. *obscura*
华北粉背蕨 *Aleuritopteris kuhnii*
蜈蚣凤尾蕨 *Pteris vittata*
井栏边草 *Pteris multifida*
团羽铁线蕨 *Adiantum capillus-junonis*
铁线蕨 *Adiantum capillus-veneris*
白背铁线蕨 *Adiantum davidii*
掌叶铁线蕨 *Adiantum pedatum*
普通铁线蕨 *Adiantum edgewothii*
普通凤尾蕨 *Coniogramme intermedia*
无毛凤丫蕨 *Coniogramme intermedia* var. *glabra*
耳羽金毛裸蕨 *Paragymnopteris bipinnata* var. *auriculata*

蹄盖蕨科 Athyriaceae
河北对囊蕨 *Deparia vegetior*
东北对囊蕨 *Deparia pycnosora*
日本安蕨 *Anisocampium niponicum*
麦秆蹄盖蕨 *Athyrium fallaciosum*

东北蹄盖蕨 *Athyrium brevifrons*
禾秆蹄盖蕨 *Athyrium yokoscense*
中华蹄盖蕨 *Athyrium sinense*
大叶假冷蕨 *Athyrium atkinsonii*
假冷蕨 *Athyrium spinulosum*

冷蕨科 Cystopteridaceae
羽节蕨 *Gymnocarpium jessoense*

肿足蕨科 Hypodematiaceae
肿足蕨 *Hypodematium crenatum*
修株肿足蕨 *Hypodematium gracile*

铁角蕨科 Aspleniaceae
北京铁角蕨 *Asplenium pekinense*
虎尾铁角蕨 *Asplenium incisum*
华中铁角蕨 *Asplenium sarelii*
钝齿铁角蕨 *Asplenium tenuicaule* var. *subvarians*
过山蕨 *Asplenium ruprechtii*

鳞毛蕨科 Dryopteridaceae
华北耳蕨 *Polystichum craspedosorum*
戟叶耳蕨 *Polystichum tripteron*
中华鳞毛蕨 *Dryopteris chinensis*
假异鳞毛蕨 *Dryopteris immixta*
两色鳞毛蕨 *Dryopteris setosa*

槐叶蘋科 Salviniaceae
槐叶蘋 *Salvinia natans*
满江红 *Azolla pinnata* subsp. *asiatica*

松科 Pinaceae
白皮松 *Pinus bungeana*

油松 *Pinus tabuliformis*

柏科 **Cupressaceae**
侧柏 *Platycladus orientalis*
圆柏 *Juniperus chinensis*

红豆杉科 **Taxaceae**
南方红豆杉 *Taxus wallichiana* var. *mairei*

杨柳科 **Salicaceae**
毛白杨 *Populus tomentosa*
山杨 *Populus davidiana*
小叶杨 *Populus simonii*
腺柳 *Salix chaenomeloides*
垂柳 *Salix babylonica*
旱柳 *Salix matsudana*
杞柳 *Salix integra*

胡桃科 **Juglandaceae**
枫杨 *Pterocarya stenoptera*
胡桃 *Juglans regia*
胡桃楸 *Juglans mandshurica*

桦木科 **Betulaceae**
白桦 *Betula platyphylla*
红桦 *Betula albosinensis*
千金榆 *Carpinus cordata*
鹅耳枥 *Carpinus turczaninowii*

壳斗科 **Fagaceae**
板栗 *Castanea mollissima*
栓皮栎 *Quercus variabilis*
麻栎 *Quercus acutissima*

槲栎 *Quercus aliena*

槲树 *Quercus dentata*

蒙古栎 *Quercus mongolica*

房山栎 *Quercus × fangshanensis* Liou

榆科 Ulmaceae

大果榆 *Ulmus macrocarpa*

榆树 *Ulmus pumila*

春榆 *Ulmus davidiana* var. *japonica*

脱皮榆 *Ulmus lamellosa*

刺榆 *Hemiptelea davidii*

大果榉 *Zelkova sinic*

大麻科 Cannabaceae

大叶朴 *Celtis koraiensis*

黑弹树 *Celtis bungeana*

青檀 *Pteroceltis tatarinowii*

桑科 Moraceae

桑 *Morus alba*

蒙桑 *Morus mongolica*

鸡桑 *Morus australis*

构树 *Broussonetia papyrifera*

柘 *Maclura tricuspidata*

荨麻科 Urticaceae

冷水花 *Pilea notata*

透茎冷水花 *Pilea pumila*

马兜铃科 Aristolochiaceae

木通马兜铃 *Aristolochia manshuriensis*

北马兜铃 *Aristolochia contorta*

蓼科 Polygonaceae

红蓼 *Polygonum orientale*

翼蓼 *Pteroxygonum giraldii*

波叶大黄 *Rheum rhabarbarum*

何首乌 *Fallopia multiflora*

苋科 Amaranthaceae

地肤 *Kochia scoparia*

老鸦谷 *Amaranthus cruentus*

尾穗苋 *Amaranthus caudatus*

石竹科 Caryophyllaceae

石竹 *Dianthus chinensis*

瞿麦 *Dianthus superbus*

长蕊石头花 *Gypsophila oldhamiana*

麦蓝菜 *Vaccaria hispanica*

鹤草 *Silene fortunei*

浅裂剪秋罗 *Lychnis cognata*

领春木科 Eupteleaceae

领春木 *Euptelea pleiosperma*

毛茛科 Ranunculaceae

乌头 *Aconitum carmichaelii*

高乌头 *Aconitum sinomontanum*

牛扁 *Aconitum barbatum* var. *puberulum*

大火草 *Anemone tomentosa*

毛蕊银莲花 *Anemone cathayensis* var. *hispida*

华北耧斗菜 *Aquilegia yabeana*

紫花耧斗菜 *Aquilegia viridiflora* var. *atropurpurea*

短尾铁线莲 *Clematis brevicaudata*

粗齿铁线莲 *Clematis grandidentata*

钝萼铁线莲 *Clematis peterae*

棉团铁线莲 *Clematis hexapetala*
大叶铁线莲 *Clematis heracleifolia*
还亮草 *Delphinium anthriscifolium*
翠雀 *Delphinium grandiflorum*
白头翁 *Pulsatilla chinensis*
河南唐松草 *Thalictrum honanense*
东亚唐松草 *Thalictrum minus* var. *hypoleucum*
金莲花 *Trollius chinensis*

木通科 Lardizabalaceae
三叶木通 *Akebia trifoliata*

小檗科 Berberidaceae
淫羊藿 *Epimedium brevicornu* Maxim.
黄芦木 *Berberis amurensis*
首阳小檗 *Berberis dielsiana*

防己科 Menispermaceae
蝙蝠葛 *Menispermum dauricum*

五味子科 Schisandraceae Blume
华中五味子 *Schisandra sphenanthera*
五味子 *Schisandra chinensis*

罂粟科 Papaveraceae
秃疮花 *Dicranostigma leptopodum*
紫堇 *Corydalis edulis*
小花黄堇 *Corydalis racemosa*
房山紫堇 *Corydalis fangshanensis*

十字花科 Brassicaceae
大叶碎米荠 *Cardamine macrophylla*
诸葛菜 *Orychophragmus violaceus*

糖芥 *Erysimum amurense*

景天科 Crassulaceae
晚红瓦松 *Orostachys japonica*
瓦松 *Orostachys fimbriatus*
费菜 *Phedimus aizoon*
垂盆草 *Sedum sarmentosum*
堪察加费菜 *Phedimus kamtschaticus*
火焰草 *Castilleja pallida*

虎耳草科 Saxifragaceae
落新妇 *Astilbe chinensis*
太平花 *Philadelphus pekinensis*
毛萼山梅花 *Philadelphus dasycalyx*
小花溲疏 *Deutzia parviflora*
大花溲疏 *Deutzia grandiflora*
独根草 *Oresitrophe rupifraga*
虎耳草 *Saxifraga stolonifera*
细叉梅花草 *Parnassia oreophila*
突隔梅花草 *Parnassia delavayi*
东陵绣球 *Hydrangea bretschneideri*

蔷薇科 Rosaceae
山桃 *Amygdalus davidiana*
榆叶梅 *Amygdalus triloba*
山杏 *Armeniaca sibirica*
杏 *Armeniaca vulgaris*
山樱花 *Cerasus serrulata*
欧李 *Cerasus humilis*
灰栒子 *Cotoneaster acutifolius*
西北栒子 *Cotoneaster zabelii*
水栒子 *Cotoneaster multiflorus*
山楂 *Crataegus pinnatifida*

毛山楂 *Crataegus maximowiczii*

蛇莓 *Duchesnea indica*

红柄白鹃梅 *Exochorda giraldii*

河南海棠 *Malus honanensis*

湖北海棠 *Malus hupehensis*

山荆子 *Malus baccata*

委陵菜 *Potentilla chinensis*

莓叶委陵菜 *Potentilla fragarioides*

杜梨 *Pyrus betulifolia*

豆梨 *Pyrus calleryana*

钝叶蔷薇 *Rosa sertata*

黄刺玫 *Rosa xanthina*

野蔷薇 *Rosa multiflora*

地榆 *Sanguisorba officinalis*

北京花楸 *Sorbus discolor*

三裂绣线菊 *Spiraea trilobata*

华北绣线菊 *Spiraea fritschiana*

柔毛绣线菊 *Spiraea pubescens*

中华绣线菊 *Spiraea chinensis*

绣球绣线菊 *Spiraea blumei*

太行花 *Taihangia rupestris*

豆科 Fabaceae

山合欢 *Albizia kalkora*（Roxb.）Prain

杭子梢 *Campylotropis macrocarpa*

红花锦鸡儿 *Caragana rosea*

树锦鸡儿 *Caragana arborescens*

皂荚 *Gleditsia sinensis*

河北木蓝 *Indigofera bungeana*

胡枝子 *Lespedeza bicolor*

美丽胡枝子 *Lespedeza thunbergii* subsp. *formosa*

绿叶胡枝子 *Lespedeza buergeri*

短梗胡枝子 *Lespedeza cyrtobotrya*

多花胡枝子 *Lespedeza floribunda*
地角儿苗 *Oxytropis bicolor*
槐 *Styphnolobium japonicum*
白刺花 *Sophora davidii*
苦参 *Sophora flavescens*
大花野豌豆 *Vicia bungei*
山野豌豆 *Vicia amoena*
斜茎黄耆 *Astragalus laxmannii*
达乌里黄耆 *Astragalus dahuricus*

苦木科 Simaroubaceae
臭椿 *Ailanthus altissima*

棟科 Meliaceae
香椿 *Toona sinensis*

大戟科 Euphorbiaceae
泽漆 *Euphorbia helioscopia*
大戟 *Euphorbia pekinensis*

叶下珠科 Phyllanthaceae
一叶萩 *Geblera suffruticosa*
雀儿舌头 *Andrachne chinensis*

漆树科 Anacardiaceae
毛黄栌 *Cotinus coggygria* var. *pubescens*
红叶 *Cotinus coggygria* var. *cinerea*
黄连木 *Pistacia chinensis*
盐肤木 *Rhus chinensis*
青麸杨 *Rhus potaninii*

卫矛科 Celastraceae
苦皮藤 *Celastrus angulatus*

南蛇藤 *Celastrus orbiculatus*
卫矛 *Euonymus alatus*
扶芳藤 *Euonymus fortunei*
栓翅卫矛 *Euonymus phellomanus*
白杜 *Euonymus maackii*
石枣子 *Euonymus sanguineus*
黄心卫矛 *Euonymus macropterus*

省沽油科 Staphyleaceae

省沽油 *Staphylea bumalda*
膀胱果 *Staphylea holocarpa*

无患子科 Sapindaceae

栾树 *Koelreuteria paniculata*
元宝槭 *Acer truncatum*
青榨槭 *Acer davidii*
葛罗枫 *Acer davidii* subsp. *grosseri*
建始槭 *Acer henryi*

凤仙花科 Balsaminaceae

水金凤 *Impatiens noli-tangere*
卢氏凤仙花 *Impatiens lushiensis*

鼠李科 Berchemia

勾儿茶 *Berchemia sinica*
北枳椇 *Hovenia acerba*
鼠李 *Rhamnus davurica*
卵叶鼠李 *Rhamnus bungeana*
圆叶鼠李 *Rhamnus globosa*
锐齿鼠李 *Rhamnus arguta*

葡萄科 Vitaceae

蓝果蛇葡萄 *Ampelopsis bodinieri*

葎叶蛇葡萄 *Ampelopsis humulifolia*
桑叶葡萄 *Vitis heyneana* subsp. *ficifolia*
山葡萄 *Vitis amurensis*
变叶葡萄 *Vitis piasezkii*

锦葵科 Malvaceae
扁担杆 *Grewia biloba*
小花扁担杆 *Grewia biloba* var. *parviflora*
蒙椴 *Tilia mongolica*
少脉椴 *Tilia paucicostata*
红皮椴 *Tilia paucicostata* var. *dictyoneura*

猕猴桃科 Actinidiaceae
软枣猕猴桃 *Actinidia arguta*
狗枣猕猴桃 *Actinidia kolomikta*

柽柳科 Tamaricaceae
甘蒙柽柳 *Tamarix austromongolica*
柽柳 *Tamarix chinensis*

堇菜科 Violaceae
紫花地丁 *Viola philippica*
早开堇菜 *Viola prionantha*
裂叶堇菜 *Viola dissecta*

秋海棠科 Begoniaceae
秋海棠 *Begonia grandis*
中华秋海棠 *Begonia grandis* subsp. *sinensis*

瑞香科 Thymelaeaceae
河朔荛花 *Wikstroemia chamaedaphne* Meisn.

胡颓子科 Elaeagnaceae

牛奶子 *Elaeagnus umbellata*

中国沙棘 *Hippophae rhamnoides* Linn. subsp. *sinensis*

千屈菜科 Lythraceae

千屈菜 *Lythrum salicaria*

柳叶菜科 Onagraceae

柳叶菜 *Epilobium hirsutum*

山茱萸科 Cornaceae

四照花 *Cornus kousa* subsp. *chinensis*

毛梾 *Cornus walteri*

红瑞木 *Cornus alba*

沙梾 *Cornus bretschneideri*

八角枫 *Alangium chinense*

瓜木 *Alangium platanifolium*

杜鹃花科 Ericaceae

照山白 *Rhododendron micranthum*

报春花科 Primulaceae

岩生报春 *Primula saxatilis*

散布报春 *Primula conspersa*

虎尾草 *Lysimachia barystachys*

狭叶珍珠菜 *Lysimachia pentapetala*

柿树科 Ebenaceae

君迁子 *Diospyros lotus*

安息香科 Styracaceae

玉铃花 *Styrax obassia*

木樨科 Oleaceae

流苏树 *Chionanthus retusus*

连翘 *Forsythia suspensa*

白蜡树 *Fraxinus chinensis*

小叶梣 *Fraxinus bungeana*

北京丁香 *Syringa reticulata* subsp. *pekinensis*

暴马丁香 *Syringa reticulata* subsp. *amurensis*

石蒜科 *Amaryllidaceae*

巧玲花 *Syringa pubescens*

龙胆科 Gentianaceae

红花龙胆 *Gentiana rhodantha*

扁蕾 *Gentianopsis barbata*

睡菜科 Menyanthaceae

荇菜 *Nymphoides peltatum*

夹竹桃科 Apocynaceae

络石 *Trachelospermum jasminoides*

萝藦 *Metaplexis japonica*

杠柳 *Periploca sepium*

旋花科 Convolvulaceae

打碗花 *Calystegia hederacea*

藤长苗 *Calystegia pellita*

牵牛 *Ipomoea nil*

圆叶牵牛 *Ipomoea purpurea*

唇形科 Lamiaceae

藿香 *Agastache rugosa*

筋骨草 *Ajuga ciliata*

紫背金盘 *Ajuga nipponensis*

毛建草 *Dracocephalum rupestre*

香青兰 *Dracocephalum moldavica*
野香草 *Elsholtzia cypriani*
华北香薷 *Elsholtzia stauntoni*
香薷 *Elsholtzia ciliata*
黄芩 *Scutellaria baicalensis*
并头黄芩 *Scutellaria scordifolia*
百里香 *Thymus mongolicus*
丹参 *Salvia miltiorrhiza*
华紫珠 *Callicarpa cathayana*
三花莸 *Caryopteris terniflora*
莸 *Caryopteris divaricata*
光果莸 *Caryopteris tangutica*
臭牡丹 *Clerodendrum bungei*
海州常山 *Clerodendrum trichotomum*
黄荆 *Vitex negundo*
牡荆 *Vitex negundo* var. *cannabifolia*
荆条 *Vitex negundo* var. *heterophylla*

茄科 Solanaceae
挂金灯 *Alkekengi officinarum* var. *franchetii*
酸浆 *Alkekengi officinarum*
枸杞 *Lycium chinense*

泡桐科 Paulowniaceae
楸叶泡桐 *Paulownia catalpifolia*
兰考泡桐 *Paulownia elongata*
毛泡桐 *Paulownia tomentosa*

列当科 Orobanchaceae
松蒿 *Phtheirospermum japonicum*
山罗花 *Melampyrum roseum*
埃氏马先蒿 *Pedicularis artselaeri*
山西马先蒿 *Pedicularis shansiensis*

红纹马先蒿 *Pedicularis striata*
河南马先蒿 *Pedicularis honanensis*
返顾马先蒿 *Pedicularis resupinata*
穗花马先蒿 *Pedicularis spicata* Pall.
地黄 *Rehmannia glutinosa*

车前科 Plantaginaceae
水蔓菁 *Pseudolysimachion linariifolium* subsp. *dilatatum*

紫薇科 Bignoniaceae
梓 *Catalpa ovata*
楸 *Catalpa bungei*
灰楸 *Catalpa fargesii*
角蒿 *Incarvillea sinensis*

苦苣苔科 Gesneriaceae
珊瑚苣苔 *Corallodiscus cordatulus*
旋蒴苣苔 *Boea hygrometrica*

茜草科 Rubiaceael
薄皮木 *Leptodermis oblonga*
鸡矢藤 *Paederia foetida*

忍冬科 Caprifoliaceae
北京忍冬 *Lonicera elisae*
金花忍冬 *Lonicera chrysantha*
郁香忍冬 *Lonicera fragrantissima*
苦糖果 *Lonicera fragrantissima* var. *lancifolia*
六道木 *Zabelia biflora*
南方六道木 *Zabelia dielsii*
败酱 *Patrinia scabiosaefolia*
糙叶败酱 *Patrinia rupestris* subsp. *scabra*
墓头回 *Patrinia heterophylla*

五福花科 Adoxaceae

陕西荚蒾 *Viburnum schensianum*

蒙古荚蒾 *Viburnum mongolicum*

桦叶荚蒾 *Viburnum betulifolium*

接骨木 *Sambucus williamsii*

川续断科 Dipsacaceae

蓝盆花 *Scabiosa tschiliensis*

桔梗科 Campanulaceae

荠苨 *Adenophora trachelioides*

多歧沙参 *Adenophora potaninii* subsp. *wawreana*

杏叶沙参 *Adenophora petiolata* subsp. *hunanensis*

心叶沙参 *Adenophora cordifolia*

桔梗 *Platycodon grandiflorus*

菊科 Asteraceae

东风菜 *Aster scaber* Thunb

华东蓝刺头 *Echinops grijsii*

佩兰 *Eupatorium fortunei*

猫儿菊 *Hypochaeris ciliata*

旋覆花 *Inula japonica*

欧亚旋覆花 *Inula britanica*

马兰 *Aster indicus*

山马兰 *Aster lautureanus*

狭苞橐吾 *Ligularia intermedia*

齿叶橐吾 *Ligularia dentata*

紫苞风毛菊 *Saussurea purpurascens*

兔儿伞 *Syneilesis aconitifolia*

祁州漏芦 *Rhaponticum uniflorum*

甘菊 *Chrysanthemum lavandulifolium*

甘野菊 *Chrysanthemum lavandulifolium* var. *seticuspe*

野菊 *Chrysanthemum indicum*
银背菊 *Chrysanthemum argyrophyllum*
太行菊 *Opisthopappus taihangensis*
长裂苦苣菜 *Sonchus brachyotus*
狗舌草 *Tephroseris kirilowii*
翅果菊 *Lactuca indica*
三脉紫菀 *Aster ageratoides*
狗娃花 *Heteropappus hispidus*

香蒲科 Typhaceae
香蒲 *Typha orientalis*
小香蒲 *Typha minima*
无苞香蒲 *Typha laxmannii*
黑三棱 *Sparganium stoloniferum*（Graebn.）Buch.-Ham. ex Juz.

泽泻科 Alismataceae
野慈姑 *Sagittaria trifolia*

禾本科 Poaceae
狗牙根 *Cynodon dactylon*
芒 *Miscanthus sinensis*
荻 *Miscanthus sacchariflorus*
芦苇 *Phragmites australis*
狼尾草 *Pennisetum alopecuroides*

莎草科 Cyperaceae
宽叶薹草 *Carex siderosticta*
青绿薹草 *Carex breviculmis*
水葱 *Scirpus validus*

菖蒲科 Acoraceae
菖蒲 *Acorus calamus*

天南星科 Araceae
一把伞南星 *Arisaema erubescens*
虎掌 *Pinellia pedatisecta*
独角莲 *Sauromatum giganteum*

石蒜科 Amaryllidaceae
茖葱 *Allium victorialis*
长梗韭 *Allium neriniflorum*

百合科 Liliaceae
大百合 *Cardiocrinum giganteum*
卷丹 *Lilium tigrinum*
山丹 *Lilium pumilum*
渥丹 *Lilium concolor*

阿福花科 Asphodelaceae
黄花菜 *Hemerocallis citrina*
北萱草 *Hemerocallis esculenta*

天门冬科 Asparagaceae
禾叶山麦冬 *Liriope graminifolia*
山麦冬 *Liriope spicata*
沿阶草 *Ophiopogon bodinieri*
麦冬 *Ophiopogon japonicus*
曲枝天门冬 *Asparagus trichophyllus*
天门冬 *Asparagus cochinchinensis*
玉竹 *Polygonatum odoratum*
黄精 *Polygonatum sibiricum*
二苞黄精 *Polygonatum involucratum*
轮叶黄精 *Polygonatum verticillatum*

藜芦科 Melanthiaceae
藜芦 *Veratrum nigrum*

北重楼 *Paris verticillata*

菝葜科 Smilacaceae
短梗菝葜 *Smilax scobinicaulis*
华东菝葜 *Smilax sieboldii*

薯蓣科 Dioscoreaceae
薯蓣 *Dioscorea polystachya*
穿龙薯蓣 *Dioscorea nipponica*

鸢尾科 Iridaceae
射干 *Belamcanda chinensis*
野鸢尾 *Iris dichotoma*
马蔺 *Iris lactea*
矮紫苞鸢尾 *Iris ruthenica* var. *nana* Maxim.

兰科 Orchidaceae
绶草 *Spiranthes sinensis*
二叶兜被兰 *Neottianthe cucullata*

第九章　用材植物资源

第一节　概　况

用材植物与人类日常生活、工业生产、建筑密切相关。安阳地区用材植物资源较多,据调查统计,该地区分布有用材植物资源 96 种(含亚种、变种及变型),它们分属 29 科(见表 9-1)。

表 9-1　安阳地区用材植物资源种类

序号	科	种	说明
1	松科 Pinaceae	1	
2	柏科 Cupressaceae	2	
3	红豆杉科 Taxaceae	1	
4	银杏科 Ginkgoaceae	1	
5	杨柳科 Salicaceae	8	
6	胡桃科 Juglandaceae	3	
7	桦木科 Betulaceae	5	
8	壳斗科 Fagaceae	8	
9	榆科 Ulmaceae	6	
10	大麻科 Cannabaceae Martinov	3	
11	桑科 Moraceae	7	
12	领春木科 Eupteleaceae	1	
13	蔷薇科 Rosaceae	8	
14	豆科 Fabaceae	4	
15	鼠李科 Rhamnaceae	4	
16	无患子科 Sapindaceae	4	
17	锦葵科 Malvaceae	1	
18	芸香科 Rutaceae	1	
19	苦木科 Simaroubaceae	2	
20	楝科 Meliaceae	2	

续表 9-1

序号	科	种	说明
21	漆树科 Anacardiaceae	3	
22	卫矛科 Celastraceae	5	
23	省沽油科 Staphyleaceae	1	
24	山茱萸科 Cornaceae	3	
25	柿科 Ebenaceae	2	
26	安息香科 Styracaceae	2	
27	木樨科 Oleaceae	3	
28	泡桐科 Paulowniaceae	3	
29	紫葳科 Bignoniaceae	2	

第二节 安阳地区主要用材植物简介

一、毛白杨 *Populus tomentosa*

形态特征:杨柳科落叶高大乔木,树干端直。树皮幼时暗灰色,光滑,老时基部深灰色,纵裂,粗糙,具散生或连生的菱形皮孔。枝分长短枝,长枝上的叶革质,三角状卵形,先端短渐尖,边缘深齿牙缘或波状齿牙缘,上面暗绿色,光滑,下面密生灰色茸毛,叶柄侧扁;短枝上的叶通常较小,卵形或三角状卵形,上面暗绿色,有金属光泽,下面光滑,叶缘具深波状齿牙,叶柄侧扁。花单性,雌雄异株,荑荑花序下垂。蒴果圆锥形或长卵形,种子基部有多数丝状长毛。花期 3 月,果期 4—5 月。

分布范围:以黄河流域中下游为中心分布区,安阳各地习见栽培。

木材价值:其材质优良,可做建筑、家具、合成板及火柴杆、造纸等用材,为安阳地区速生用材造林树种。

二、侧柏 *Platycladus orientalis*

形态特征:柏科常绿乔木;树皮浅灰褐色,纵裂成条片;小枝扁平,排成一平面,直展。叶鳞形,交互对生;小枝上下两面中央的叶露出部分呈倒卵状菱形或斜方形,两侧的叶船形。花雌雄同株,球花单生枝顶部;雄球花黄色,卵圆形;雌球花近球形,蓝绿色,被白粉。球果近卵圆形,蓝绿色,被白粉。花期

3—4月,球果当年10月成熟。

分布范围:产于全国大部分省区。安阳太行山区广泛分布,山地及平原多人工种植。

木材价值:其材质细密,纹理斜行,耐腐力强,坚实耐用,可供建筑、器具、家具、棺木及文具等用材。

三、毛梾 *Cornus walteri* Wangerin

形态特征:山茱萸科落叶乔木;树皮厚,黑褐色,纵裂而又横裂成块状。叶对生,纸质,椭圆形、长圆椭圆形或阔卵形。伞房状聚伞花序顶生,花密;花瓣4,长圆披针形,花白色,有香味。核果球形,成熟时黑色;核骨质,扁圆球形,有不明显的肋纹。花期5月,果期9月。

分布范围:产于全国大部分省区。安阳太行山区广泛分布,山地及平原多人工种植。

木材价值:木材坚硬,纹理细密、美观,可作家具、车辆、农具等用。

四、楸叶泡桐 *Paulownia catalpifolia* Gong Tong

形态特征:泡桐科落叶大乔木,树干通直。叶片通常长卵状心脏形,顶端长渐尖,全缘或波状而有角,上面无毛,下面密被星状茸毛。花序金字塔形或狭圆锥形;花冠浅紫色,较细,管状漏斗形,内部常密布紫色细斑点。蒴果椭圆形,幼时被星状茸毛。花期4月,果期7—8月。

分布范围:安阳太行山区有分布,山地及平原多人工种植。

木材价值:材质优良,轻而韧,广泛用于农业、工业、建筑业。

五、楸树 *Catalpa bungei* C. A. Mey

形态特征:紫葳科落叶乔木。叶三角状卵形或卵状长圆形,顶端长渐尖,基部截形,阔楔形或心形,有时基部具有1~2个牙齿,叶面深绿色,叶背无毛。顶生伞房状总状花序,花萼蕾时圆球形,2唇开裂。花冠淡红色,内面具有2黄色条纹及暗紫色斑点。蒴果长线形。种子狭长椭圆形,两端生长毛。花期5—6月,果期6—10月。

分布范围:产于华北、华中、西北、华东等地区。安阳太行山区有分布,山地及平原多人工种植。

木材价值:生长迅速,树干通直,木材坚硬,为良好的建筑用材。

六、黄连木　*Pistacia chinensis* Bunge

形态特征：漆树科落叶乔木；树皮暗褐色,呈鳞片状剥落。奇数羽状复叶互生；小叶对生或近对生,纸质,披针形或卵状披针形或线状披针形,全缘。花单性异株,先花后叶,圆锥花序腋生。核果倒卵状球形,略压扁,成熟时紫红色,干后具纵向细条纹,先端细尖。

分布范围：产于华北、西北及长江以南各省区。安阳太行山区广泛分布,山地及平原多人工种植。

木材价值：木材鲜黄色,材质坚硬致密,可供家具和细工用材。

七、梓树　*Catalpa ovata* G. Don

形态特征：紫葳科落叶乔木；主干通直。叶对生或近于对生,有时轮生,阔卵形,长宽近相等,顶端渐尖,基部心形,全缘或浅波状,常3浅裂,叶片上面及下面均粗糙。顶生圆锥花序；花冠钟状,淡黄色,内面具2黄色条纹及紫色斑点。蒴果线形,下垂。种子长椭圆形,两端具有平展的长毛。

分布范围：产于长江流域及以北地区。安阳太行山区有分布,山地及平原多人工种植。

木材价值：木材白色稍软,可做家具、制琴等。

八、枣树　*Ziziphus jujuba* Mill.

形态特征：鼠李落叶小乔木；树皮褐色或灰褐色；有长枝,短枝和无芽小枝之分,长枝呈"之"字形曲折,具2个托叶刺,粗直,短刺下弯,长4~6 mm；短枝短粗,矩状,自老枝发出；当年生小枝绿色,下垂。叶纸质,卵形,卵状椭圆形,或卵状矩圆形。核果矩圆形或长卵圆形,成熟时红色,后变红紫色。花期5—7月,果期8—9月。

分布范围：产于我国大部分省区。安阳太行山区广泛分布,山地及平原多人工种植。

木材价值：其木材坚硬,可供雕刻、家具等用材。

九、大果榉　*Zelkova sinic*

形态特征：榆科落叶乔木；树皮灰白色,呈块状剥落。叶厚纸质,卵形或椭圆形,先端渐尖、尾状渐尖,叶面绿,叶背浅绿,边缘具浅圆齿状或圆齿状锯齿,羽状侧脉。花杂性同株。核果不规则的倒卵状球形,表面光滑无毛。花期4

月,果期8—9月。

分布范围:分布于西北、华北、华中、四川等地。安阳林州太行山区广为分布。

木材价值:其木材重硬,韧性强,耐磨损,可供车辆、农具、家具、器具等地用材。

十、胡桃楸 *Juglans mandshurica*

形态特征:胡桃科落叶乔木;树皮灰色,具浅纵裂;枝具片状髓心。奇数羽状复叶;小叶椭圆形至长椭圆形,边缘具细锯齿。花雌雄同株,雄性菜荑花序下垂。雌性穗状花序具 4~10 雌花。果序俯垂。果实球状、卵状或椭圆状;果核表面具 8 条纵棱,其中两条较显著。花期 5 月,果期 8—9 月。

分布范围:产于东北、华北、华中等地区。安阳太行山区有分布。

木材价值:木材可作枪托、车轮、建筑等重要材料。

第三节　安阳地区用材植物名录

松科 **Pinaceae**
油松 *Pinus tabuliformis* Carriere

柏科 **Cupressaceae**
侧柏 *Platycladus orientalis*（L.）Franco
圆柏 *Juniperus chinensis* L.

红豆杉科 **Taxaceae**
南方红豆杉 *Taxus wallichiana* var. *mairei*

银杏科 **Ginkgoaceae**
银杏 *Ginkgo biloba* L.

杨柳科 **Salicaceae**
山杨 *Populus davidiana* Dode
小叶杨 *Populus simonii* Carr.
毛白杨 *Populus tomentosa* Carrière

旱柳 *Salix matsudana* Koidz.

黄花柳 *Salix caprea* L.

中国黄花柳 *Salix sinica*（Hao）C. Wang et C. F. Fang

腺柳 *Salix chaenomeloides* Kimura

垂柳 *Salix babylonica* L.

胡桃科 Juglandaceae

胡桃 *Juglans regia* L.

胡桃楸 *Juglans mandshurica* Maxim.

枫杨 *Pterocarya stenoptera* C. DC.

桦木科 Betulaceae

白桦 *Betula platyphylla* Suk.

红桦 *Betula albosinensis* Burkill

坚桦 *Betula chinensis* Maxim.

千金榆 *Carpinus cordata* Bl.

鹅耳枥 *Carpinus turczaninowii* Hance

壳斗科 Fagaceae

板栗 *Castanea mollissima* Blume

栓皮栎 *Quercus variabilis* Blume

麻栎 *Quercus acutissima* Carr.

槲树 *Quercus dentata* Thunb.

槲栎 *Quercus aliena* Blume

锐齿槲栎 *Quercus aliena* var. *acutiserrata* Maximowicz ex Wenzig

房山栎 *Quercus × fangshanensis* Liou

蒙古栎 *Quercus mongolica* Fischer ex Ledebour

榆科 Ulmaceae

白榆 *Ulmus pumila* L.

春榆 *Ulmus davidiana* var. *japonica*（Rehd.）Nakai

大果榆 *Ulmus macrocarpa* Hance

太行榆 *Ulmus taihangshanensis*

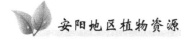

脱皮榆 *Ulmus lamellosa* Wang et S. L. Chang ex L. K. Fu

大果榉 *Zelkova sinica* Schneid.

大麻科 Cannabaceae Martinov

青檀 *Pteroceltis tatarinowii* Maxim.

黑弹树 *Celtis bungeana* Bl.

大叶朴 *Celtis koraiensis* Nakai

桑科 Moraceae

构树 *Broussonetia papyrifera*（Linnaeus）L'Heritier ex Ventenat

柘 *Maclura tricuspidata* Carriere

桑 *Morus alba* L.

蒙桑 *Morus mongolica*（Bur.）Schneid.

鸡桑 *Morus australis* Poir.

华桑 *Morus cathayana* Hemsl.

柘 *Maclura tricuspidata* Carriere

领春木科 Eupteleaceae

领春木 *Euptelea pleiosperma* J. D. Hooker & Thomson

蔷薇科 Rosaceae

野山楂 *Crataegus cuneata* Sieb. et Zucc.

山楂 *Crataegus pinnatifida* Bge.

北京花楸 *Sorbus discolor*（Maxim.）Maxim.

河南海棠 *Malus honanensis* Rehd.

山杏 *Armeniaca sibirica*（L.）Lam.

山桃 *Amygdalus davidiana*（Carr.）C. de Vos

杜梨 *Pyrus betulifolia* Bge.

豆梨 *Pyrus calleryana* Dcne.

豆科 Fabaceae

山槐 *Albizia kalkora*（Roxb.）Prain

槐树 *Styphnolobium japonicum*（L.）Schott

刺槐 *Robinia pseudoacacia* L.

皂荚 *Gleditsia sinensis* Lam.

鼠李科 Rhamnaceae

酸枣 *Ziziphus jujuba* var. *spinosa*（Bunge）Hu ex H. F. Chow.

枣 *Ziziphus jujuba* Mill.

北枳椇 *Hovenia dulcis* Thunb.

鼠李 *Rhamnus davurica* Pall.

无患子科 Sapindaceae

栾树 *Koelreuteria paniculata* Laxm.

元宝槭 *Acer truncatum* Bunge

葛萝枫 *Acer davidii* subsp. *grosseri*（Pax）P. C. de Jong

青榨槭 *Acer davidii* Franch.

锦葵科 Malvaceae

少脉椴 *Tilia paucicostata* Maxim.

芸香科 Rutaceae

臭檀吴萸 *Tetradium daniellii*（Bennett）T. G. Hartley

苦木科 Simaroubaceae

臭椿 *Ailanthus altissima*（Mill.）Swingle

苦树 *Picrasma quassioides*（D. Don）Benn.

楝科 Meliaceae

香椿 *Toona sinensis*（A. Juss.）Roem.

楝 *Melia azedarach* L.

漆树科 Anacardiaceae

黄连木 *Pistacia chinensis* Bunge

青麸杨 *Rhus potaninii* Maxim.

漆 *Toxicodendron vernicifluum*（Stokes）F. A. Barkl.

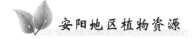

卫矛科 Celastraceae

白杜 *Euonymus maackii* Rupr

栓翅卫矛 *Euonymus phellomanus* Loesener

黄心卫矛 *Euonymus macropterus* Rupr.

石枣子 *Euonymus sanguineus* Loes.

卫矛 *Euonymus alatus*（Thunb.）Sieb.

省沽油科 Staphyleaceae

膀胱果 *Staphylea holocarpa* Hemsl.

山茱萸科 Cornaceae

毛梾 *Cornus walteri* Wangerin

四照花 *Cornus kousa* subsp. *chinensis*（Osborn）Q. Y. Xiang

八角枫 *Alangium chinense*（Lour.）Harms

柿科 Ebenaceae

柿 *Diospyros kaki* Thunb.

君迁子 *Diospyros lotus* L.

安息香科 Styracaceae

垂珠花 *Styrax dasyanthus* Perk.

玉铃花 *Styrax obassis* Siebold & Zuccarini

木樨科 Oleaceae

流苏树 *Chionanthus retusus* Lindl. et Paxt.

白蜡树 *Fraxinus chinensis* Roxb.

小叶梣 *Fraxinus bungeana* DC.

泡桐科 Paulowniaceae

毛泡桐 *Paulownia tomentosa*（Thunb.）Steud.

楸叶泡桐 *Paulownia catalpifolia* Gong Tong

兰考泡桐 *Paulownia elongata* S. Y. Hu

紫葳科 Bignoniaceae

梓树 *Catalpa ovata* G. Don

楸树 *Catalpa bungei* C. A. Mey

第十章 农药植物资源

第一节 概 况

农药植物可降低化学农药危害,达到杀虫、杀菌作用。安阳地区农药植物资源较多,据调查统计,该地区分布有农药植物资源 58 种(含亚种、变种及变型),它们分属 30 科(见表 10-1)。

表 10-1 安阳地区农药植物资源种类

序号	科	种	说明
1	杨柳科 Salicaceae	3	
2	大麻科 Cannabaceae	1	
3	蓼科 Polygonaceae	2	
4	苋科 Amaranthaceae	2	
5	马齿苋科 Portulacaceae	1	
6	山茱萸科 Cornaceae	1	
7	漆树科 Anacardiaceae	2	
8	紫葳科 Bignoniaceae	1	
9	卫矛科 Celastraceae	1	
10	胡颓子科 Elaeagnaceae	1	
11	蔷薇科 Rosaceae	3	
12	景天科 Crassulaceae	1	
13	豆科 Fabaceae Lindl.	2	
14	桑科 Moraceae	2	
15	罂粟科 Papaveraceae	3	
16	苦木科 Simaroubaceae	2	
17	楝科 Meliaceae	1	
18	伞形科 Apiaceae	3	
19	茄科 Solanaceae	2	
20	商陆科 Phytolaccaceae	1	

续表 10-1

序号	科	种	说明
21	鼠李科 Berchemia	1	
22	菊科 Asteraceae	6	
23	菖蒲科 Acoraceae	1	
24	大戟科 Euphorbiaceae	3	
25	毛茛科 Ranunculaceae	7	
26	藜芦科 Melanthiaceae	1	
27	瑞香科 Thymelaeaceae	2	
28	紫草科 Boraginaceae	1	
29	夹竹桃科 Apocynaceae	1	
30	唇形科 Lamiaceae	5	

第二节　安阳地区主要农药植物简介

一、瓜木　*Alangium platanifolium*（Sieb. et Zucc.）Harms

形态特征：山茱萸科落叶灌木；小枝纤细,常稍弯曲,略呈"之"字形。叶纸质,近圆形,顶端钝尖,基部近于心形或圆形,不分裂或稀分裂,分裂者裂片钝尖或锐尖至尾状锐尖,边缘呈波状或钝锯齿状,上面深绿色,下面淡绿色。聚伞花序生叶腋；花钟形,花瓣紫红色。核果长卵圆形或长椭圆形。花期3—7月,果期7—9月。

分布范围：产于东北、华北、华东、西北、西南等地区,安阳太行山区有分布。

农药价值：根、叶可以作农药。

二、盐肤木　*Rhus chinensis* Mill.

形态特征：漆树科落叶小乔木。奇数羽状复叶,叶轴具宽的叶状翅,小叶自下而上逐渐增大,叶轴和叶柄密被锈色柔毛；小叶多形,卵形或椭圆状卵形或长圆形,先端急尖,基部圆形,顶生小叶基部楔形,边缘具粗锯齿或圆齿,叶面暗绿色,叶背粉绿色,被白粉,叶面沿中脉疏被柔毛或近无毛。圆锥花序宽大,多分枝,雄花序长,雌花序较短。核果球形,成熟时红色。花期8—9月,果

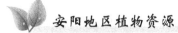

期 10 月。

分布范围：产于我国华北以南地区,安阳太行山区有分布。

农药价值：幼枝和叶可作土农药。

三、苦皮藤 *Celastrus angulatus* Maxim.

形态特征：卫矛科落叶藤状灌木;小枝常具纵棱,皮孔密生。叶大,近革质,长方阔椭圆形、阔卵形、圆形,先端圆阔。聚伞圆锥花序顶生。蒴果近球状;种子椭圆状。花期 5—6 月。

分布范围：产于华北、西北、华中、华东、西南等地区。安阳太行山区有分布。

农药价值：根皮及茎皮可作为杀虫剂和灭菌剂。

四、楝 *Melia azedarach* L.

形态特征：楝科落叶乔木;树皮灰褐色,纵裂。叶为 2~3 回奇数羽状复叶;小叶对生,卵形、椭圆形至披针形,顶生一片通常略大。圆锥花序;花芳香;花瓣淡紫色,倒卵状匙形。核果球形至椭圆形,内果皮木质;种子椭圆形。花期 4—5 月,果期 10—12 月。

分布范围：产于我国黄河以南各省区。安阳地区广泛栽培。

农药价值：用鲜叶可灭钉螺和作农药,用根皮可驱蛔虫和钩虫。

五、桑 *Morus alba* L.

形态特征：桑科落叶乔木或为灌木。单叶互生,叶卵形或广卵形,先端急尖、渐尖或圆钝,基部圆形至浅心形,边缘锯齿粗钝,有时叶为各种分裂,表面鲜绿色,无毛,背面沿脉有疏毛。花单性,腋生或生于芽鳞腋内,与叶同时生出。聚花果卵状椭圆形,成熟时红色或暗紫色。花期 4—5 月,果期 5—8 月。

分布范围：产于我国中部和北部。安阳地区广为分布。

农药价值：叶可作土农药。

六、白屈菜 *Chelidonium majus* L.

形态特征：罂粟科多年生草本。茎聚伞状多分枝。基生叶少,早凋落,叶片倒卵状长圆形或宽倒卵形,羽状全裂,全裂片倒卵状长圆形,具不规则的深裂或浅裂,裂片边缘圆齿状,表面绿色,无毛,背面具白粉,疏被短柔毛。伞形花序多花;花瓣倒卵形,黄色。蒴果狭圆柱形,具通常比果短的柄。种子卵形,暗褐色,具光泽及蜂窝状小格。花果期4—9月。

分布范围:产于我国大部分地区。安阳太行山区有分布。

农药价值:全草有毒,含多种生物碱,可作农药。

七、小果博落回 *Macleaya microcarpa*(Maxim.)Fedde

形态特征:罂粟科直立草本,基部木质化,具乳黄色浆汁。茎光滑,多白粉,中空,上部多分枝。单叶互生,叶片宽卵形或近圆形,通常7或9深裂或浅裂,裂片半圆形、扇形或其他,边缘波状、缺刻状、粗齿或多细齿,表面绿色,无毛,背面多白粉,被茸毛。大型圆锥花序多花;萼片狭长圆形;花瓣无。蒴果近圆形。种子,卵珠形。花果期6—10月。

分布范围:产于山西、江苏、江西、河南、湖北、陕西等省区。安阳太行山区广为分布。

农药价值:全草入药,有毒,可作农药。

八、商陆 *Phytolacca acinosa* Roxb.

形态特征:商陆科多年生草本,全株无毛。根肥大,肉质,倒圆锥形,外皮淡黄色或灰褐色,内面黄白色。茎直立,圆柱形,有纵沟,肉质,绿色或红紫色,多分枝。叶片薄纸质,椭圆形、长椭圆形或披针状椭圆形。总状花序顶生或与叶对生,圆柱状,直立,通常比叶短,密生多花。果序直立;浆果扁球形,熟时黑色;种子肾形,黑色,具3棱。花期5—8月,果期6—10月。

分布范围:产于我国大部分地区。安阳太行山区广为分布。

农药价值:根可作农药。

九、白头翁 *Pulsatilla chinensis*(Bunge)Regel

形态特征:毛茛科草本植物。基生叶通常在开花时刚刚生出,有长柄;叶片宽卵形,长三全裂。花葶有柔毛;苞片3;花直立;萼片蓝紫色,长圆状卵形,背面有密柔毛。聚合果;瘦果纺锤形,扁,有长柔毛。4—5月开花。

分布范围:产于东北、西北、华北、华中等地区。安阳太行山区广为分布。

农药价值:根状茎水浸液可作土农药。

十、龙芽草 *Agrimonia pilosa* Ldb.

形态特征:蔷薇科多年生草本。根多呈块茎状,周围长出若干侧根,根茎短,基部常有地下芽。茎被疏柔毛及短柔毛。叶为间断奇数羽状复叶。花序穗状总状顶生;花瓣黄色,长圆形。果实倒卵圆锥形。花果期5—12月。

分布范围:我国南北各省区均产。安阳太行山区广为分布。

农药价值:地下根茎芽可作驱绦虫药。

第三节　安阳地区农药植物名录

杨柳科 Salicaceae

山杨 *Populus davidiana* Dode

小叶杨 *Populus simonii* Carr.

垂柳 *Salix babylonica* L.

大麻科 Cannabaceae

大麻 *Cannabis sativa* L

蓼科 Polygonaceae

水蓼 *Polygonum hydropiper* L.

萹蓄 *Polygonum aviculare* L.

苋科 Amaranthaceae

牛膝 *Achyranthes bidentata* Blume

菊叶香藜 *Dysphania schraderiana*

马齿苋科 Portulacaceae

马齿苋 *Portulaca oleracea* L.

山茱萸科 Cornaceae

瓜木 *Alangium platanifolium*（Sieb. et Zucc.）Harms

漆树科 Anacardiaceae

盐肤木 *Rhus chinensis* Mill.

漆 *Toxicodendron vernicifluum*（Stokes）F. A. Barkl.

紫葳科 Bignoniaceae

灰楸 *Catalpa fargesii* Bur.

卫矛科 Celastraceae

苦皮藤 *Celastrus angulatus*

胡颓子科 Elaeagnaceae

牛奶子 *Elaeagnus umbellata* Thunb.

蔷薇科 Rosaceae

龙芽草 *Agrimonia pilosa* Ldb.

蛇莓 *Duchesnea indica*（Andr.）Focke

地榆 *Sanguisorba officinalis* L.

景天科 Crassulaceae

瓦松 *Orostachys fimbriata*（Turczaninow）A. Berger

豆科 Fabaceae Lindl.

苦参 *Sophora flavescens* Alt.

皂荚 *Gleditsia sinensis* Lam.

桑科 Moraceae

桑 *Morus alba* L.

葎草 *Humulus scandens*（Lour.）Merr.

罂粟科 Papaveraceae

白屈菜 *Chelidonium majus* L.

博落回 *Macleaya cordata*（Willd.）R. Br.

小果博落回 *Macleaya microcarpa*（Maxim.）Fedde

苦木科 Simaroubaceae

臭椿 *Ailanthus altissima*（Mill.）Swingle

苦树 *Picrasma quassioides*（D. Don）Benn.

楝科 Meliaceae

楝 *Melia azedarach* L.

伞形科 Apiaceae

蛇床 *Cnidium monnieri*（L.）Cuss.

防风 *Saposhnikovia divaricata*（Turcz.）Schischk.

白芷 *Angelica dahurica*（Fisch. ex Hoffm.）Benth. et Hook. f. ex Franch.

茄科 Solanaceae

曼陀罗 *Datura stramonium* L.

龙葵 *Solanum nigrum* L.

商陆科 Phytolaccaceae

商陆 *Phytolacca acinosa* Roxb.

鼠李科 Berchemia

锐齿鼠李 *Rhamnus arguta*

菊科 Asteraceae

牡蒿 *Artemisia japonica* Thunb.

南牡蒿 *Artemisia eriopoda* Bge.

艾 *Artemisia argyi* Lévl. et Van.

黄花蒿 *Artemisia annua* L.

野菊 *Chrysanthemum indicum* Linnaeus

牛蒡 *Arctium lappa* L.

菖蒲科 Acoraceae

菖蒲 *Acorus calamus* L.

大戟科 Euphorbiaceae

狼毒大戟 *Euphorbia fischeriana* Steud.

泽漆 *Euphorbia helioscopia* L.

乳浆大戟 *Euphorbia esula* L.

毛茛科 Ranunculaceae

毛茛 *Ranunculus japonicus* Thunb.

白头翁 *Pulsatilla chinensis*（Bunge）Regel

粗齿铁线莲 *Clematis grandidentata*

高乌头 *Aconitum sinomontanum* Nakai

翠雀 *Delphinium grandiflorum* L.

贝加尔唐松草 *Thalictrum baicalense* Turcz.

驴蹄草 *Caltha palustris* L.

藜芦科 Melanthiaceae

藜芦 *Veratrum nigrum* L.

瑞香科 Thymelaeaceae

狼毒 *Stellera hamaejasme* L.

河朔荛花 *Wikstroemia chamaedaphne* Meisn.

紫草科 Boraginaceae

鹤虱 *Lappula myosotis* Moench

夹竹桃科 Apocynaceae

杠柳 *Periploca sepium* Bunge

唇形科 Lamiaceae

益母草 *Leonurus japonicus* Houttuyn

香青兰 *Dracocephalum moldavica* L.

薄荷 *Mentha canadensis* Linnaeus

百里香 *Thymus mongolicus* Ronn.

黄芩 *Scutellaria baicalensis* Georgi

第十一章 染料植物资源

第一节 概 况

染料植物染色相比化学剂具有环保、无毒害等优点。安阳地区染料植物资源较多，据调查统计，该地区分布有染料植物资源72种(含亚种、变种及变型)，它们分属32科(见表11-1)。

表11-1 安阳地区染料植物资源种类

序号	科	种	说明
1	石松科 Lycopodiaceae	1	
2	碗蕨科 Dennstaedtiaceae Lotsy	1	
3	柏科 Cupressaceae	1	
4	杨柳科 Salicaceae	1	
5	胡桃科 Juglandaceae	1	
6	桦木科 Betulaceae	1	
7	壳斗科 Fagaceae	4	
8	桑科 Moraceae	4	
9	堇菜科 Violaceae	1	
10	蓼科 Polygonaceae	6	
11	苋科 Amaranthaceae	3	
12	商陆科 Phytolaccaceae	1	
13	五味子科 Schisandraceae	1	
14	蔷薇科 Rosaceae	5	
15	豆科 Fabaceae	7	
16	牻牛儿苗科 Geraniaceae	1	
17	漆树科 Anacardiaceae	5	
18	无患子科 Sapindaceae	1	
19	鼠李科 Rhamnaceae	6	
20	千屈菜科 Lythraceae	1	

续表 11-1

序号	科	种	说明
21	柿科 Ebenaceae	2	
22	茜草科 Rubiaceae	2	
23	忍冬科 Caprifoliaceae	1	
24	菊科 Asteraceae	7	
25	茄科 Solanaceae	2	
26	旋花科 Convolvulaceae	2	
27	紫葳科 Bignoniaceae	1	
28	芝麻科 Pedaliaceae	1	
29	唇形科 Lamiaceae	2	
30	鸭跖草科 Commelinaceae Mirb.	1	
31	禾本科 Poaceae Barnhart	1	
32	薯蓣科 Dioscoreaceae	1	

第二节　安阳地区主要染料植物简介

一、栾树 *Koelreuteria paniculata* Laxm.

形态特征:无患子科落叶乔木;树皮灰褐色至灰黑色,老时纵裂。叶丛生于当年生枝上,平展,一回至二回羽状复叶;小叶无柄或具极短的柄,对生或互生,纸质,卵形、阔卵形至卵状披针形。聚伞圆锥花序;花瓣4,开花时向外反折,瓣片基部的鳞片初时黄色,开花时橙红色。蒴果圆锥形,具3棱,顶端渐尖,果瓣卵形,外面有网纹,内面平滑且略有光泽;种子近球形。花期6—8月,果期9—10月。

分布范围:产于我国大部分省区。安阳太行山区有分布。

染料价值:叶可作蓝色染料,花可作黄色染料。

二、柘 *Maclura tricuspidata* Carriere

形态特征:桑科落叶灌木或小乔木;树皮灰褐色,小枝有棘刺。叶卵形或菱状卵形,偶为三裂,表面深绿色,背面绿白色。雌雄异株,雌雄花序均为球形头状花序,单生或成对腋生。聚花果近球形,肉质,成熟时橘红色。花期5—6

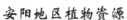

月,果期6—7月。

分布范围:产于华北、华东、中南、西南各省区。安阳太行山区有分布。

染料价值:木材心部黄色,可以作黄色染料。

三、红叶 *Cotinus coggygria* var. *cinerea* Engl

形态特征:漆树科落叶灌木。单叶互生,叶倒卵形或卵圆形,先端圆形或微凹,基部圆形或阔楔形,全缘,两面或尤其叶背显著被灰色柔毛;花杂性;花瓣卵形或卵状披针形,果肾形,无毛。

分布范围:产于河北、山东、河南、湖北、四川等省区。安阳太行山区有分布。

染料价值:木材黄色,可作黄色染料。

四、槐 *Styphnolobium japonicum*（L.）Schott

形态特征:豆科落叶乔木;树皮灰褐色,具纵裂纹。羽状复叶长;小叶对生或近互生,纸质,卵状披针形或卵状长圆形。圆锥花序顶生,常呈金字塔形;花冠白色或淡黄色。荚果串珠状,种子间缢缩不明显,种子排列较紧密,具肉质果皮,成熟后不开裂;种子卵球形,淡黄绿色,干后黑褐色。花期7—8月,果期8—10月。

分布范围:现南北各省区广泛栽培。安阳太行山区有分布。

染料价值:花蕾可作染料。

五、鼠李 *Rhamnus davurica* Pall.

形态特征:鼠李科灌木或小乔木,小枝对生或近对生,枝顶端常有大的芽而不形成刺,或有时仅分叉处具短针刺。叶纸质,对生或近对生,或在短枝上簇生,宽椭圆形或卵圆形,稀倒披针状椭圆形。花单性,雌雄异株,4基数,有花瓣。核果球形,黑色,具2分核,基部有宿存的萼筒;种子卵圆形,黄褐色。花期5—6月,果期7—10月。

分布范围:产于黑龙江、吉林、辽宁、河北、山西。安阳太行山区有分布。

染料价值:树皮和果实可提制黄色染料。

六、卵叶鼠李 *Rhamnus bungeana* J. Vass.

形态特征:鼠李科小灌木;小枝对生或近对生,枝端具紫红色针刺;顶芽未见,腋芽极小。叶对生或近对生,或在短枝上簇生,纸质,卵形、卵状披针形或卵状椭圆形。花小,黄绿色,单性,雌雄异株。核果倒卵状球形或圆球形,基部有宿存的萼筒,成熟时紫色或黑紫色;种子卵圆形。花期4—5月,果期6—9月。

分布范围:产于吉林、河北、山西、山东、河南及湖北。安阳太行山区有分布。

染料价值:叶及树皮含绿色染料,可染布。

七、茜草　*Rubia cordifolia* L.

形态特征:茜草科草质攀缘藤木;根状茎和其节上的须根均红色;茎数至多条,从根状茎的节上发出,细长,方柱形,有4棱,棱上生倒生皮刺,中部以上多分枝。叶通常4片轮生,纸质,披针形或长圆状披针形。聚伞花序腋生和顶生,多回分枝;花冠淡黄色。果球形,成熟时橘黄色。花期8—9月,果期10—11月。

分布范围:产于东北、华北、西北和西南等地。安阳太行山区有分布。

染料价值:根、茎可作染料。

八、黄荆　*Vitex negundo* L.

形态特征:灌木或小乔木;小枝四棱形。掌状复叶,小叶5;小叶片长圆状披针形至披针形,顶端渐尖,基部楔形,全缘或每边有少数粗锯齿,表面绿色,背面密生灰白色茸毛。聚伞花序排成圆锥花序式,顶生;花萼钟状;花冠淡紫色。花期4—6月,果期7—10月。

分布范围:主要产于长江以南各省。安阳太行山区有分布。

染料价值:可作染料。

九、地榆　*Sanguisorba officinalis* L.

形态特征:蔷薇科多年生草本。茎直立,有棱。基生叶为羽状复叶;小叶片有短柄,卵形或长圆状卵形,顶端圆钝稀急尖,基部心形至浅心形,边缘有多数粗大圆钝稀急尖的锯齿,两面绿色,无毛。穗状花序椭圆形,圆柱形或卵球形,直立,从花序顶端向下开放,花序梗光滑或偶有稀疏腺毛;萼片4枚,紫红色,椭圆形至宽卵形。果实包藏在宿存萼筒内,外面有斗棱。花果期7—10月。

分布范围:产于全国大部分地区。安阳太行山区有分布。

染料价值:可作染料。

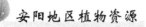

十、黄连木 *Pistacia chinensis* Bunge

形态特征:漆树科落叶乔木;树干扭曲,树皮暗褐色,呈鳞片状剥落。奇数羽状复叶互生,小叶对生或近对生,纸质,披针形或卵状披针形或线状披针形。花单性异株,先花后叶,圆锥花序腋生,雄花序排列紧密,雌花序排列疏松。核果倒卵状球形,略压扁,成熟时紫红色,干后具纵向细条纹,先端细尖。

分布范围:产于华北、西北及长江以南地区。安阳太行山区有分布。

染料价值:木材鲜黄色,可提黄色染料。

第三节 安阳地区染料植物名录

石松科 Lycopodiaceae
石松 *Lycopodium japonicum* Thunb. ex Murray

碗蕨科 Dennstaedtiaceae Lotsy
蕨 *Pteridium aquilinum* var. *latiusculum*(Desv.)Underw. ex Heller

柏科 Cupressaceae
侧柏 *Platycladus orientalis*(L.)Franco

杨柳科 Salicaceae
垂柳 *Salix babylonica* L.

胡桃科 Juglandaceae
胡桃 *Juglans regia* L.

桦木科 Betulaceae
白桦 *Betula platyphylla* Suk.

壳斗科 Fagaceae
板栗 *Castanea mollissima* Blume
栓皮栎 *Quercus variabilis* Blume
麻栎 *Quercus acutissima* Carr.

槲栎 *Quercus aliena* Blume

桑科 Moraceae
桑 *Morus alba* L.
鸡桑 *Morus australis* Poir.
柘 *Maclura tricuspidata* Carriere
构树 *Broussonetia papyrifera*

堇菜科 Violaceae
紫花地丁 *Viola philippica* Cav.

蓼科 Polygonaceae
水蓼 *Polygonum hydropiper* L.
杠板归 *Polygonum perfoliatum* L.
酸模 *Rumex acetosa* L.
萹蓄 *Polygonum aviculare* L.
虎杖 *Reynoutria japonica* Houtt.
红蓼 *Polygonum orientale* L.

苋科 Amaranthaceae
苋 *Amaranthus tricolor* L.
菠菜 *Spinacia oleracea* L.
猪毛菜 *Salsola collina* Pall.

商陆科 Phytolaccaceae
商陆 *Phytolacca acinosa* Roxb.

五味子科 Schisandraceae
华中五味子 *Schisandra sphenanthera* Rehd. et Wils.

蔷薇科 Rosaceae
地榆 *Sanguisorba officinalis* L.
蕨麻 *Potentilla anserina* L.

野山楂 *Crataegus cuneata* Sieb. et Zucc.

月季 *Rosa chinensis* Jacq.

玫瑰 *Rosa rugosa* Thunb.

豆科 Fabaceae

大豆 *Glycine max* （L.） Merr.

野大豆 *Glycine soja* Sieb. et Zucc.

胡枝子 *Lespedeza bicolor* Turcz.

马棘 *Indigofera bungeana* Walp.

紫花苜蓿 *Medicago sativa* L.

槐 *Styphnolobium japonicum* （L.） Schott

苦参 *Sophora flavescens* Alt.

牻牛儿苗科 Geraniaceae

牻牛儿苗 *Erodium stephanianum* Willd.

漆树科 Anacardiaceae

黄连木 *Pistacia chinensis* Bunge

红叶 *Cotinus coggygria* var. *cinerea* Engl.

毛黄栌 *Cotinus coggygria* var. *pubescens* Engl.

盐肤木 *Rhus chinensis* Mill.

漆树 *Toxicodendron vernicifluum*

无患子科 Sapindaceae

栾树 *Koelreuteria paniculata* Laxm.

鼠李科 Rhamnaceae

鼠李 *Rhamnus davurica* Pall.

卵叶鼠李 *Rhamnus bungeana* J. Vass.

圆叶鼠李 *Rhamnus globosa* Bunge

小叶鼠李 *Rhamnus parvifolia* Bunge

猫乳 *Rhamnella franguloides* （Maxim.） Weberb.

冻绿 *Rhamnus utilis* Decne.

千屈菜科 Lythraceae
石榴 *Punica granatum* L.

柿科 Ebenaceae
君迁子 *Diospyros lotus* L.
柿 *Diospyros kaki* Thunb.

茜草科 Rubiaceae
茜草 *Rubia cordifolia* L.
鸡矢藤 *Paederia foetida* L.

忍冬科 Caprifoliaceae
接骨木 *Sambucus williamsii* Hance

菊科 Asteraceae
艾 *Artemisia argyi* Lévl. et Van.
野艾蒿 *Artemisia lavandulifolia* Candolle
苍耳 *Xanthium strumarium* L.
狼杷草 *Bidens tripartita* L.
鳢肠 *Eclipta prostrata*（L.）L.
鼠曲草 *Pseudognaphalium affine*（D. Don）Anderberg
向日葵 *Helianthus annuus* L.

茄科 Solanaceae
龙葵 *Solanum nigrum* L.
枸杞 *Lycium chinense* Miller

旋花科 Convolvulaceae
菟丝子 *Cuscuta chinensis* Lam.
圆叶牵牛 *Ipomoea purpurea* Lam.

紫葳科 Bignoniaceae

凌霄 *Campsis grandiflora* (Thunb.) Schum.

芝麻科 Pedaliaceae

芝麻 *Sesamum indicum* L.

唇形科 Lamiaceae

黄荆 *Vitex negundo* L.

紫苏 *Perilla frutescens* (L.) Britt.

鸭跖草科 Commelinaceae Mirb.

鸭跖草 *Commelina communis* L.

禾本科 Poaceae Barnhart

荩草 *Arthraxon hispidus* (Trin.) Makino

薯蓣科 Dioscoreaceae

薯蓣 *Dioscorea polystachya* Turczaninow

第十二章　鞣料植物资源

第一节　概　况

鞣料植物内含单宁,提取后称为栲胶,是皮革工业、渔网制作的重要原料,同时在纺织印染、石化、医药等行业有着广泛的用途。安阳地区鞣料植物资源丰富,据调查统计,该地区分布有鞣料植物资源 109 种(含亚种、变种及变型),它们分属 24 科(见表 12-1)。

表 12-1　安阳地区鞣料植物资源种类

序号	科	种	说明
1	松科 Pinaceae	2	
2	杨柳科 Salicaceae	8	
3	胡桃科 Juglandaceae	3	
4	桦木科 Betulaceae	8	
5	壳斗科 Fagaceae	7	
6	蓼科 Polygonaceae	10	
7	商陆科 Phytolaccaceae	1	
8	扯根菜科 Penthoraceae	1	
9	绣球花科 Hydrangeaceae	1	
10	蔷薇科 Rosaceae	21	
11	豆科 Fabaceae	15	
12	牻牛儿苗科 Geraniaceae	3	
13	漆树科 Anacardiaceae	5	
14	苦木科 Simaroubaceae	1	
15	楝科 Meliaceae	1	
16	鼠李科 Rhamnaceae	5	
17	无患子科 Sapindaceae	4	
18	夹竹桃科 Apocynaceae	1	

续表 12-1

序号	科	种	说明
19	山茱萸科 Cornaceae	3	
20	千屈菜科 Lythraceae	2	
21	柳叶菜科 Onagraceae	1	
22	柿科 Ebenaceae	2	
23	忍冬科 Caprifoliaceae	2	
24	菊科 Asteraceae	2	

第二节　安阳地区主要鞣料植物简介

一、毛白杨　*Populus tomentosa* Carrière

形态特征:杨柳科落叶乔木。树皮幼时暗灰色,老时基部黑灰色,纵裂,粗糙。长枝叶阔卵形或三角状卵形,边缘深齿牙缘或波状齿牙缘,上面暗绿色,光滑,下面密生毡毛,后渐脱落;叶柄上部侧扁;短枝叶通常较小,卵形或三角状卵形,上面暗绿色有金属光泽,下面光滑,具深波状齿牙缘。雌雄异株,葇荑花序;蒴果圆锥形或长卵形。花期 3 月,果期 4 月。

分布范围:产于我国黄河流域中下游省区。安阳地区广为分布。

鞣料价值:树皮含鞣质,可提制栲胶。

二、胡桃　*Juglans regia* L.

形态特征:胡桃科落叶乔木;树皮幼时灰绿色,老时则灰白色而纵向浅裂。奇数羽状复叶长,叶柄及叶轴幼时被有极短腺毛及腺体;小叶椭圆状卵形至长椭圆形,顶端钝圆或急尖、短渐尖,基部歪斜,近于圆形,边缘全缘或在幼树上者具稀疏细锯齿,上面深绿色,无毛,下面淡绿色。雄性葇荑花序下垂。果序短,具 1~3 个果实;果实近于球状,无毛;果核稍具皱曲,有 2 条纵棱,顶端具短尖头;隔膜较薄,内里无空隙。花期 5 月,果期 10 月。

分布范围:产于华北、西北、西南、华中、华南和华东。安阳地区各县(市、区)习见,广泛分布于平原、山区,多栽培。

鞣料价值:树皮、果皮含鞣质,可提制栲胶。

三、槲栎 *Quercus aliena*

形态特征：壳斗科落叶大乔木。单叶互生，长椭圆状倒卵形至倒卵形，叶缘具波状钝齿，叶背被灰棕色细茸毛。花单性，花雌雄同株，雄花单生或数朵簇生于花序轴；雌花序生于新枝叶腋，单生或 2~3 朵簇生。坚果具 1 粒种子，位于多数木质鳞片组成的总苞中，壳斗杯形。坚果椭圆形至卵形。花期 4—5 月，果期 9—10 月。

分布范围：产于华东、华中、华南、西南等地区。安阳林州太行山区有分布，生于海拔 800 m 以上向阳山坡。

鞣料价值：树皮、壳斗含鞣质，可提制栲胶。

四、栓皮栎 *Quercus variabilis*

形态特征：壳斗科落叶乔木，树皮黑褐色，深纵裂，木栓层发达。单叶互生，叶片卵状披针形或长椭圆形，叶缘具刺芒状锯齿，叶背密被灰白色星状茸毛，侧脉明显直达齿端。花单性，花雌雄同株，雄花序为葇荑花序纤细下垂。坚果具 1 粒种子，位于多数木质鳞片组成的总苞中，总苞壳斗杯形。坚果近球形或宽卵形。花期 3—4 月，果期次年 9—10 月。

分布范围：产于我国华北以南广大地区。安阳林州太行山区习见，通常生于海拔 1 000 m 以下的山地阳坡，为天然次生林。

鞣料价值：树皮、壳斗含鞣质，可提制栲胶。

五、黄连木 *Pistacia chinensis*

形态特征：漆树科落叶乔木，树皮暗褐色，呈鳞片状剥落。奇数羽状复叶互生，小叶 5~6 对，叶轴具条纹，叶柄上面平；小叶对生或近对生，纸质，披针形或卵状披针形或线状披针形，先端渐尖或长渐尖，基部偏斜，全缘，两面沿中脉和侧脉被卷曲微柔毛或近无毛，侧脉和细脉两面突起。花单性异株，先花后叶，圆锥花序腋生，雄花序排列紧密，雌花序排列疏松；花小。核果倒卵状球形，成熟时紫红色，干后具纵向细条纹，先端细尖。

分布范围：产于长江以南各省区及华北、西北。安阳太行山区广泛分布。

鞣料价值：树皮、叶、果实含鞣质，可提制栲胶。

六、榛 *Corylus heterophylla* Fisch.ex Trautv.

形态特征：桦木科灌木或小乔木；树皮灰色；枝条暗灰色。单叶互生，叶的

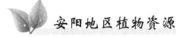

轮廓为矩圆形或宽倒卵形,顶端凹缺或截形,中央具三角状突尖,基部心形,边缘具不规则的重锯齿。雄花序单生。果单生或簇生成头状;果苞钟状。坚果近球形。

分布范围:产于东北、河北、山西、陕西、河南等地。安阳山区有分布,生于海拔 900 m 以上山地。

鞣料价值:树皮、枝、叶含鞣质,可提制栲胶。

七、牻牛儿苗 *Erodium stephanianum* Willd.

形态特征:牻牛儿苗科多年生草本,根为直根,较粗壮,少分枝。茎多数,仰卧或蔓生,具节,被柔毛。叶对生;基生叶和茎下部叶具长柄,叶片轮廓卵形或三角状卵形,基部心形,二回羽状深裂。花瓣紫红色,倒卵形。蒴果,密被短糙毛。种子褐色,具斑点。花期 6—8 月,果期 8—9 月。

分布范围:产于华北、东北、西北、西南等地。安阳地区有分布。

鞣料价值:全草含鞣质。

八、萹蓄 *Polygonum aviculare*

形态特征:蓼科一年生草本。茎平卧、上升或直立,自基部多分枝,具纵棱。叶椭圆形,狭椭圆形或披针形,边缘全缘,两面无毛。花单生或数朵簇生于叶腋。瘦果卵形,具 3 棱,黑褐色。花期 5—7 月,果期 6—8 月。

分布范围:产于全国各地。生于田边路、沟边湿地。安阳地区有分布。

鞣料价值:全草含鞣质。

九、盐肤木 *Rhus chinensis* Mill.

形态特征:漆树科落叶小乔木。奇数羽状复叶,叶轴具宽的叶状翅,小叶自下而上逐渐增大,叶轴和叶柄密被锈色柔毛;小叶多形,卵形或椭圆状卵形或长圆形,先端急尖,基部圆形,顶生小叶基部楔形,边缘具粗锯齿或圆齿,叶面暗绿色,叶背粉绿色,被白粉,叶面沿中脉疏被柔毛或近无毛。圆锥花序宽大,多分枝,雄花序长,雌花序较短。核果球形,成熟时红色。花期 8—9 月,果期 10 月。

分布范围:产于我国华北以南地区。安阳太行山区有分布。

鞣料价值:五倍子蚜虫常寄生于其幼枝和叶上,形成虫瘿,叫五倍子,五倍子含鞣质。

第三节　安阳地区鞣料植物名录

松科 Pinaceae

油松 *Pinus tabuliformis* Carriere

白皮松 *Pinus bungeana* Zucc. ex Endl.

杨柳科 Salicaceae

山杨 *Populus davidiana* Dode

小叶杨 *Populus simonii* Carr.

毛白杨 *Populus tomentosa* Carrière

旱柳 *Salix matsudana* Koidz.

黄花柳 *Salix caprea* L.

中国黄花柳 *Salix sinica*（Hao）C. Wang et C. F. Fang

腺柳 *Salix chaenomeloides* Kimura

垂柳 *Salix babylonica* L.

胡桃科 Juglandaceae

胡桃 *Juglans regia* L.

胡桃楸 *Juglans mandshurica* Maxim.

枫杨 *Pterocarya stenoptera* C. DC.

桦木科 Betulaceae

白桦 *Betula platyphylla* Suk.

红桦 *Betula albosinensis* Burkill

坚桦 *Betula chinensis* Maxim.

千金榆 *Carpinus cordata* Bl.

鹅耳枥 *Carpinus turczaninowii* Hance

榛 *Corylus heterophylla* Fisch. ex Trautv.

毛榛 *Corylus mandshurica* Maxim.

虎榛子 *Ostryopsis davidiana* Decaisne

壳斗科 Fagaceae

板栗 *Castanea mollissima* Blume

栓皮栎 *Quercus variabilis* Blume

麻栎 *Quercus acutissima* Carr.

槲树 *Quercus dentata* Thunb.

槲栎 *Quercus aliena* Blume

锐齿槲栎 *Quercus aliena* var. *acutiserrata* Maximowicz ex Wenzig

蒙古栎 *Quercus mongolica* Fischer ex Ledebour

蓼科 Polygonaceae

萹蓄 *Polygonum aviculare*

习见蓼 *Polygonum plebeium* R.Br.

杠板归 *Polygonum perfoliatum* L.

齿果酸模 *Rumex dentatus* L.

巴天酸模 *Rumex patientia* L.

皱叶酸模 *Rumex crispus* L.

酸模 *Rumex acetosa* L.

尼泊尔蓼 *Polygonum nepalense*

拳蓼 *Polygonum bistorta* L.

虎杖 *Reynoutria japonica* Houtt.

商陆科 Phytolaccaceae

商陆 *Phytolacca acinosa* Roxb.

扯根菜科 Penthoraceae

扯根菜 *Penthorum chinense* Pursh

绣球花科 Hydrangeaceae

大花溲疏 *Deutzia grandiflora* Bunge

蔷薇科 Rosaceae

三裂绣线菊 *Spiraea trilobata* L.

华北绣线菊 *Spiraea fritschiana* Schneid.

柔毛绣线菊 *Spiraea pubescens* Turcz.

中华绣线菊 *Spiraea chinensis* Maxim.

灰栒子 *Cotoneaster acutifolius* Turcz.

西北栒子 *Cotoneaster zabelii* Schneid.

水栒子 *Cotoneaster multiflorus* Bge.

山楂叶悬钩子 *Rubus crataegifolius* Bge.

杜梨 *Pyrus betulifolia* Bge.

豆梨 *Pyrus calleryana* Dcne.

山楂 *Crataegus pinnatifida* Bge.

路边青 *Geum aleppicum* Jacq.

地榆 *Sanguisorba officinalis* L.

龙芽草 *Agrimonia pilosa* Ldb.

茅莓 *Rubus parvifolius* L.

覆盆子 *Rubus idaeus* L.

弓茎悬钩子 *Rubus flosculosus* Focke

黄刺玫 *Rosa xanthina* Lindl.

翻白草 *Potentilla discolor* Bge.

莓叶委陵菜 *Potentilla fragarioides* L.

委陵菜 *Potentilla chinensis* Ser.

豆科 Fabaceae

山合欢 *Albizia kalkora*（Roxb.）Prain

刺槐 *Robinia pseudoacacia* L.

杭子梢 *Campylotropis macrocarpa*

红花锦鸡儿 *Caragana rosea*

锦鸡儿 *Caragana sinica*

皂荚 *Gleditsia sinensis*

河北木蓝 *Indigofera bungeana*

胡枝子 *Lespedeza bicolor*

美丽胡枝子 *Lespedeza thunbergii* subsp. *formosa*

绿叶胡枝子 *Lespedeza buergeri*

短梗胡枝子 *Lespedeza cyrtobotrya*

多花胡枝子 *Lespedeza floribunda*

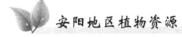

达乌里胡枝子 *Lespedeza davurica*（Laxmann）Schindler
槐 *Styphnolobium japonicum*
米口袋 *Gueldenstaedtia verna*（Georgi）Boriss.

牻牛儿苗科 Geraniaceae

老鹳草 *Geranium wilfordii* Maxim.
鼠掌老鹳草 *Geranium sibiricum* L.
牻牛儿苗 *Erodium stephanianum* Willd.

漆树科 Anacardiaceae

黄连木 *Pistacia chinensis* Bunge
青麸杨 *Rhus potaninii* Maxim.
盐肤木 *Rhus chinensis* Mill.
漆 *Toxicodendron vernicifluum*（Stokes）F. A. Barkl.
红叶 *Cotinus coggygria* var. *cinerea* Engl.

苦木科 Simaroubaceae

臭椿 *Ailanthus altissima*（Mill.）Swingle

楝科 Meliaceae

楝 *Melia azedarach* L.

鼠李科 Rhamnaceae

鼠李 *Rhamnus davurica* Pall.
小叶鼠李 *Rhamnus parvifolia* Bunge
卵叶鼠李 *Rhamnus bungeana* J. Vass.
圆叶鼠李 *Rhamnus globosa* Bunge
锐齿鼠李 *Rhamnus arguta* Maxim.

无患子科 Sapindaceae

元宝槭 *Acer truncatum* Bunge
葛萝枫 *Acer davidii* subsp. *grosseri*（Pax）P. C. de Jong
青榨槭 *Acer davidii* Franch.

栾树 *Koelreuteria paniculata* Laxm.

夹竹桃科 Apocynaceae
地梢瓜 *Cynanchum thesioides*（Freyn）K. Schum.

山茱萸科 Cornaceae
瓜木 *Alangium platanifolium*（Sieb. et Zucc.）Harms
毛梾 *Cornus walteri* Wangerin
梾木 *Cornus macrophylla* Wallich

千屈菜科 Lythraceae
千屈菜 *Lythrum salicaria* L.
石榴 *Punica granatum* L.

柳叶菜科 Onagraceae
柳叶菜 *Epilobium hirsutum* L.

柿科 Ebenaceae
柿树 *Diospyros kaki* Thunb.
君迁子 *Diospyros lotus* L.

忍冬科 Caprifoliaceae
金银忍冬 *Lonicera maackii*（Rupr.）Maxim.
忍冬 *Lonicera japonica* Thunb.

菊科 Asteraceae
鳢肠 *Eclipta prostrata*（L.）L.
狗娃花 *Aster hispidus* Thunb.

第十三章　野菜植物资源

第一节　概　况

安阳地区野菜植物资源丰富,据调查统计,该地区分布有野菜植物资源138 种(含亚种、变种及变型),它们分属 76 科(见表 13-1)。

表 13-1　安阳地区野菜植物资源种类

序号	科	种	说明
1	石松科 Lycopodiaceae	1	
2	碗蕨科 Dennstaedtiaceae	1	
3	蘋科 Marsileaceae	1	
4	地钱科 Marchantiaceae	1	
5	杨柳科 Salicaceae	2	
6	榆科 Ulmaceae	4	
7	桑科 Moraceae	2	
8	大麻科 Cannabaceae	4	
9	蓼科 Polygonaceae	12	
10	苋科 Amaranthaceae	20	
11	商陆科 Phytolaccaceae	2	
12	马齿苋科 Portulacaceae	1	
13	土人参科 Talinaceae	1	
14	木通科 Lardizabalaceae	1	
15	毛茛科 Ranunculaceae	3	
16	五味子科 Schisandraceae	1	
17	石竹科 Caryophyllaceae	11	
18	白花菜科 Cleomaceae	1	
19	十字花科 Brassicaceae	23	
20	景天科 Crassulaceae	2	
21	扯根菜科 Penthoraceae	1	

续表 13-1

序号	科	种	说明
22	虎耳草科 Saxifragaceae	2	
23	荨麻科 Urticaceae	1	
24	蔷薇科 Rosaceae	11	
25	豆科 Fabaceae	25	
26	酢浆草科 Oxalidaceae	1	
27	芸香科 Rutaceae	2	
28	苦木科 Simaroubaceae	1	
29	楝科 Meliaceae	1	
30	大戟科 Euphorbiaceae	2	
31	省沽油科 Staphyleaceae	1	
32	无患子科 Sapindaceae	1	
33	漆树科 Anacardiaceae	3	
34	卫矛科 Celastraceae	4	
35	鼠李科 Rhamnaceae	1	
36	锦葵科 Malvaceae	3	
37	葡萄科 Vitaceae	2	
38	金丝桃科 Hypericaceae	1	
39	堇菜科 Violaceae	3	
40	秋海棠科 Begoniaceae	1	
41	千屈菜科 Lythraceae	1	
42	柳叶菜科 Onagraceae	2	
43	五加科 Araliaceae	1	
44	伞形科 Apiaceae	10	
45	白花丹科 Plumbaginaceae	1	
46	山茱萸科 Cornaceae	1	
47	报春花科 Primulaceae	1	
48	木樨科 Oleaceae	1	
49	夹竹桃科 Apocynaceae	3	
50	紫草科 Boraginaceae	2	
51	旋花科 Calystegia	3	
52	唇形科 Lamiaceae	15	

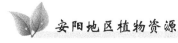

续表 13-1

序号	科	种	说明
53	茄科 Solanaceae	4	
54	列当科 Orobanchacea	2	
55	玄参科 Scrophulariaceae	2	
56	紫葳科 Bignoniaceae	1	
57	茜草科 Rubiaceae	2	
58	车前科 Plantaginaceae	4	
59	忍冬科 Caprifoliaceae	3	
60	桔梗科 Campanulacea	5	
61	牻牛儿苗科 Geraniaceae	1	
62	菊科 Asteraceae	37	
63	香蒲科 Typhaceae	3	
64	眼子菜科 Potamogetonaceae	2	
65	睡菜科 Menyanthaceae	1	
66	泽泻科 Alismataceae	1	
67	禾本科 Poaceae	7	
68	鸭跖草科 Commelinacea	2	
69	雨久花科 Pontederiaceae	1	
70	阿福花科 Asphodelaceae	3	
71	天门冬科 Asparagaceae	5	
72	石蒜科 Amaryllidaceae	6	
73	菝葜科 Smilacaceae	1	
74	鸢尾科 Iridaceae	1	
75	百合科 Liliaceae	2	
76	薯蓣科 Dioscoreaceae	1	

第二节　安阳地区主要野菜植物简介

一、垂柳　*Salix babylonica*

形态特征:杨柳科落叶乔木,树冠开展而疏散。树皮不规则开裂;枝细,下垂。叶狭披针形或线状披针形,先端长渐尖,基部楔形,两面无毛或微有毛,上面绿色,下面色较淡,锯齿缘。花序先叶开放,或与叶同时开放;柔荑花序,雌雄异株。蒴果带绿黄褐色。花期3—4月,果期4—5月。

分布范围:产于长江流域与黄河流域,其他各地均有栽培。安阳地区广为分布。

野菜价值:嫩芽可作野菜食用。

二、榆树 *Ulmus pumila* L.

形态特征:榆科落叶乔木;幼树树皮平滑,大树之皮不规则深纵裂,粗糙。单叶互生,叶椭圆状卵形、长卵形,先端渐尖或长渐尖,基部偏斜,边缘具重锯齿或单锯齿。花先叶开放,在去年生枝的叶腋成簇生状。翅果近圆形,成熟前后其色与果翅相同,初淡绿色,后白黄色,花被宿存。花果期3—6月。

分布范围:产于东北、华北、西北及西南各省区。安阳地区广为分布。

野菜价值:嫩翅果可作野菜食用。

三、地肤 *Kochia scoparia*

形态特征:苋科一年生草本。茎直立,圆柱状,有多数条棱。单叶互生,叶披针形或条状披针形,茎上部叶较小,无柄。花两性或雌性,生于叶腋,构成疏穗状圆锥状花序。胞果扁球形,果皮膜质,与种子离生。种子卵形,黑褐色。花期6—9月,果期7—10月。

分布范围:全国各地均产。安阳地区广为分布,生于田边、路旁、荒地等处。

野菜价值:幼苗可作蔬菜食用。

四、反枝苋 *Amaranthus retroflexus*

形态特征:苋科一年生草本。茎直立。单叶互生,叶片菱状卵形或椭圆状卵形,顶端锐尖或尖凹,有小凸尖,基部楔形,全缘或波状缘,两面及边缘有柔毛。圆锥花序顶生及腋生,直立,由多数穗状花序形成。胞果扁卵形。种子近球形,棕色或黑色。花期7—8月,果期8—9月。

分布范围:产于东北、华北、西北、华中等地区。安阳地区广为分布。

野菜价值:嫩茎叶可作野菜食用。

五、马齿苋 *Portulaca oleracea*

形态特征：马齿苋科一年生肉质草本,全株无毛。茎平卧或斜倚,多分枝,圆柱形。叶互生,有时近对生,叶片扁平,肥厚,倒卵形,似马齿状。花无梗;花瓣黄色,倒卵形。蒴果卵球形;种子细小,偏斜球形,黑褐色,有光泽。花期5—8月,果期6—9月。

分布范围：我国南北各地均产。安阳地区广为分布。

野菜价值：嫩茎叶可作蔬菜食用。

六、麦瓶草 *Silene conoidea*

形态特征：石竹科一年生草本,全株被短腺毛。茎单生,直立,不分枝。单叶对生,基生叶片匙形,茎生叶叶片长圆形或披针形。二歧聚伞花序具数花;花直立;花瓣淡红色;副花冠片狭披针形,白色。蒴果梨状;种子肾形。花期5—6月,果期6—7月。

分布范围：产于长江流域及以北各省区。安阳地区有分布。

野菜价值：幼苗可作蔬菜食用。

七、刺槐 *Robinia pseudoacacia*

形态特征：豆科落叶乔木;树皮灰褐色至黑褐色,浅裂至深纵裂。小枝具托叶刺。羽状复叶;小叶常对生,椭圆形、长椭圆形或卵形,全缘。总状花序花序腋生,芳香;花冠白色。荚果褐色,线状长圆形,扁平;种子褐色至黑褐色,近肾形。花期4—6月,果期8—9月。

分布范围：原产美国,现全国各地广泛栽植。安阳地区有分布。

野菜价值：花可作蔬菜食用。

八、荠 *Capsella bursa-pastoris*

形态特征：十字花科一年或二年生草本;茎直立,单一或从下部分枝。基生叶丛生呈莲座状,大头羽状分裂;茎生叶窄披针形或披针形,基部箭形,抱茎,边缘有缺刻或锯齿。总状花序顶生及腋生;花瓣白色,卵形。短角果倒三角形或倒心状三角形。种子2行,长椭圆形。花果期4—6月。

分布范围：产于全国各地。安阳地区有分布。

野菜价值：嫩叶可作蔬菜食用。

九、香椿　*Toona sinensis*

形态特征：楝科落叶乔木；树皮粗糙，深褐色，片状脱落。叶为偶数羽状复叶，小叶对生或互生，纸质，卵状披针形或卵状长椭圆形，基部一侧圆形，另一侧楔形，不对称，边全缘或有疏离的小锯齿，两面均无毛。圆锥花序；花瓣5，白色。蒴果狭椭圆形，深褐色；种子上端有膜质的长翅。花期6—8月，果期10—12月。

分布范围：产于华北、华东、中部、南部和西南部各省区。安阳地区有分布。

野菜价值：幼叶嫩芽可作蔬菜食用。

十、黄连木　*Pistacia chinensis*

形态特征：漆树科落叶乔木；树干扭曲，树皮呈鳞片状剥落。奇数羽状复叶互生，小叶对生或近对生，纸质，披针形或卵状披针形，全缘。花单性异株，先花后叶，圆锥花序腋生。核果倒卵状球形，成熟时紫红色，干后具纵向细条纹，先端细尖。

分布范围：产于长江以南各省区及华北、西北。安阳地区有分布。

野菜价值：幼叶可作蔬菜食用。

第三节　安阳地区野菜植物名录

石松科 Lycopodiaceae

石松 *Lycopodium japonicum* Thunb. ex Murray

碗蕨科 Dennstaedtiaceae

蕨 *Pteridium aquilinum* var. *latiusculum*

蘋科 Marsileaceae

蘋 *Marsilea quadrifolia*

地钱科 Marchantiaceae

地钱 *Marchantia polymorpha* L.

杨柳科 Salicaceae

小叶杨 *Populus simonii*

垂柳 *Salix babylonica*

榆科 Ulmaceae

榆树 *Ulmus pumila* L.

大果榆 *Ulmus macrocarpa*

春榆 *Ulmus davidiana* var. *japonica*

刺榆 *Hemiptelea davidii*（Hance）Planch.

桑科 Moraceae

桑树 *Morus alba*

构树 *Broussonetia papyrifera*

大麻科 Cannabaceae

大叶朴 *Celtis koraiensis*

黑弹树 *Celtis bungeana* Bl.

青檀 *Pteroceltis tatarinowii*

葎草 *Humulus scandens*（Lour.）Merr.

蓼科 Polygonaceae

萹蓄 *Polygonum aviculare*

红蓼 *Polygonum orientale* L.

两栖蓼 *Polygonum amphibium* L.

水蓼 *Polygonum hydropiper*

戟叶蓼 *Polygonum thunbergii* Sieb. et Zucc.

酸模叶蓼 *Polygonum lapathifolium*

齿果酸模 *Rumex dentatus* L.

巴天酸模 *Rumex patientia* L.

酸模 *Rumex acetosa* L.

尼泊尔蓼 *Polygonum nepalense*

虎杖 *Reynoutria japonica* Houtt.

何首乌 *Fallopia multiflora*（Thunb.）Harald.

苋科 Amaranthaceae

地肤 *Kochia scoparia*

杂配藜 *Chenopodium hybridum*

灰绿藜 *Chenopodium glaucum*

尖头叶藜 *Chenopodium acuminatum* Willd.

小藜 *Chenopodium ficifolium*

藜 *Chenopodium album*

碱蓬 *Suaeda glauca*

猪毛菜 *Salsola collina*

尖头叶藜 *Chenopodium acuminatum*

反枝苋 *Amaranthus retroflexus*

刺苋 *Amaranthus spinosus*

凹头苋 *Amaranthus blitum*

皱果苋 *Amaranthus viridis*

绿穗苋 *Amaanthus hybridus*

繁穗苋 *Amaranthus cruentus*

尾穗苋 *Amaranthus caudatus*

腋花苋 *Amaranthus roxburghianus*

青葙 *Celosia argentea*

牛膝 *Achyranthes bidentata*

喜旱莲子草 *Alternanthera philoxeroides*

商陆科 Phytolaccaceae

商陆 *Phytolacca acinosa* Roxb.

垂序商陆 *Phytolacca americana* L.

马齿苋科 Portulacaceae

马齿苋 *Portulaca oleracea*

土人参科 Talinaceae

土人参 *Talinum paniculatum*（Jacq.）Gaertn.

木通科 Lardizabalaceae

三叶木通 *Akebia trifoliata*（Thunb.）Koidz.

毛茛科 Ranunculaceae

东亚唐松草 *Thalictrum minus* var. *hypoleucum*（Sieb. et Zucc.）Miq.

展枝唐松草 *Thalictrum squarrosum* Steph. et Willd.

华北耧斗菜 *Aquilegia yabeana* Kitag.

五味子科 Schisandraceae

华中五味子 *Schisandra sphenanthera* Rehd. et Wils.

石竹科 Caryophyllaceae

无心菜 *Arenaria serpyllifolia*

缘毛卷耳 *Cerastium furcatum* Cham. et Schlecht.

球序卷耳 *Cerastium glomeratum* Thuill.

鹅肠菜 *Myosoton aquaticum*

繁缕 *Stellaria media*

麦瓶草 *Silene conoidea*

女娄菜 *Silene aprica*

坚硬女娄菜 *Silene firma* Sieb. et Zucc.

霞草 *Gypsophila oldhamiana*

雀舌草 *Stellaria alsine*

麦蓝菜 *Vaccaria hispanica*（Miller）Rauschert

白花菜科 Cleomaceae

羊角菜 *Gynandropsis gynandra*（Linnaeus）Briquet

十字花科 Brassicaceae

荠 *Capsella bursa-pastoris*

涩荠 *Malcolmia africana*

沼生蔊菜 *Rorippa palustris*

细子蔊菜 *Rorippa cantoniensis*

风花菜 *Rorippa globosa*

蔊菜 *Rorippa indica*

无瓣蔊菜 *Rorippa dubia*

诸葛菜 *Orychophragmus violaceus*

菥蓂 *Thlaspi arvense*

离子芥 *Chorispora tenella*（Pall.）DC.

柱毛独行菜 *Lepidium ruderale*

独行菜 *Lepidium apetalum*

北美独行菜 *Lepidium virginicum*

葶苈 *Draba nemorosa*

水田碎米荠 *Cardamine lyrata*

白花碎米荠 *Cardamine leucantha*

紫花碎米荠 *Cardamine purpurascens*（O. E. Schulz）Al-Shehbaz et al.

弯曲碎米荠 *Cardamine flexuosa*

大叶碎米荠 *Cardamine macrophylla* Willd.

碎米荠 *Cardamine hirsuta*

豆瓣菜 *Nasturtium officinale*

播娘蒿 *Descurainia sophia*

小花糖芥 *Erysimum cheiranthoides*

景天科 Crassulaceae

费菜 *Phedimus aizoon*

垂盆草 *Sedum sarmentosum* Bunge

扯根菜科 Penthoraceae

扯根菜 *Penthorum chinense*

虎耳草科 Saxifragaceae

虎耳草 *Saxifraga stolonifera* Curt.

落新妇 *Astilbe chinensis*（Maxim.）Franch. et Savat.

荨麻科 Urticaceae

狭叶荨麻 *Urtica angustifolia* Fisch. ex Hornem.

蔷薇科 Rosaceae

红柄白鹃梅 *Exochorda giraldii*

委陵菜 *Potentilla chinensis*

翻白草 *Potentilla discolor*

朝天委陵菜 *Potentilla supina*

莓叶委陵菜 *Potentilla fragarioides* L.

三叶委陵菜 *Potentilla freyniana* Bornm.

蛇含委陵菜 *Potentilla kleiniana* Wight et Arn.

蕨麻 *Potentilla anserina*

龙芽草 *Agrimonia pilosa*

地榆 *Sanguisorba officinalis* L.

柔毛路边青 *Geum japonicum* var. *chinense* F. Bolle

豆科 Fabaceae

国槐 *Styphnolobium japonicum*

紫苜蓿 *Medicago sativa*

小苜蓿 *Medicago minima*

天蓝苜蓿 *Medicago lupulina*

歪头菜 *Vicia unijuga*

葛 *Pueraria montana*

地角儿苗 *Oxytropis bicolor*

救荒野豌豆 *Vicia sativa*

大花野豌豆 *Vicia bungei*

大叶野豌豆 *Vicia pseudo-orobus*

山野豌豆 *Vicia amoena*

小巢菜 *Vicia hirsuta*

广布野豌豆 *Vicia cracca*

大山黧豆 *Lathyrus davidii*

刺槐 *Robinia pseudoacacia*

鸡眼草 *Kummerowia striata*

长萼鸡眼草 *Kummerowia stipulacea*

野大豆 *Glycine soja* Sieb. et Zucc.

草木樨 *Melilotus officinalis*（L.）Pall.

决明 *Senna tora*（Linnaeus）Roxburgh
紫藤 *Wisteria sinensis*（Sims）DC.
藤萝 *Wisteria villosa* Rehd.
胡枝子 *Lespedeza bicolor* Turcz.
美丽胡枝子 *Lespedeza thunbergii* subsp. *formosa*（Vogel）H. Ohashi
山槐 *Albizia kalkora*（Roxb.）Prain

酢浆草科 Oxalidaceae
酢浆草 *Oxalis corniculata*

芸香科 Rutaceae
花椒 *Zanthoxylum bungeanum*
竹叶花椒 *Zanthoxylum armatum*

苦木科 Simaroubaceae
臭椿 *Ailanthus altissima*

楝科 Meliaceae
香椿 *Toona sinensis*

大戟科 Euphorbiaceae
铁苋菜 *Acalypha australis*
地锦草 *Euphorbia humifusa* Willd.

省沽油科 Staphyleaceae
省沽油 *Staphylea bumalda* DC.

无患子科 Sapindaceae
栾树 *Koelreuteria paniculata*

漆树科 Anacardiaceae
黄连木 *Pistacia chinensis*
漆 *Toxicodendron vernicifluum*

盐肤木 *Rhus chinensis*

卫矛科 Celastraceae
栓翅卫矛 *Euonymus phellomanus*
卫矛 *Euonymus alatus*
扶芳藤 *Euonymus fortunei*
南蛇藤 *Celastrus orbiculatus*

鼠李科 Rhamnaceae
酸枣 *Ziziphus jujuba* var. *spinosa*（Bunge）Hu ex H. F. Chow.

锦葵科 Malvaceae
野西瓜苗 *Hibiscus trionum*
野葵 *Malva verticillata* L.
蜀葵 *Alcea rosea* Linnaeus

葡萄科 Vitaceae
乌敛莓 *Cayratia japonica*
爬山虎 *Parthenocissus tricuspidata*（Siebold & Zucc.）Planch.

金丝桃科 Hypericaceae
黄海棠 *Hypericum ascyron* L.

堇菜科 Violaceae
紫花地丁 *Viola philippica*
早开堇菜 *Viola prionantha* Bunge
鸡腿堇菜 *Viola acuminata* Ledeb.

秋海棠科 Begoniaceae
中华秋海棠 *Begonia grandis* subsp. *sinensis*

千屈菜科 Lythraceae
千屈菜 *Lythrum salicaria* L.

柳叶菜科 Onagraceae

柳叶菜 *Epilobium hirsutum* L.

节节菜 *Rotala indica*（Willd.）Koehne

五加科 Araliaceae

刺五加 *Eleutherococcus senticosus*

伞形科 Apiaceae

水芹 *Oenanthe javanica*

山芹 *Ostericum sieboldii*

大齿山芹 *Ostericum grosseserratum*（Maxim.）Kitagawa

鸭儿芹 *Cryptotaenia japonica* Hassk.

藁本 *Ligusticum sinense*

辽藁本 *Ligusticum jeholense*

变豆菜 *Sanicula chinensis*

野胡萝卜 *Daucus carota*

窃衣 *Torilis scabra*（Thunb.）DC.

白芷 *Angelica dahurica*（Fisch. ex Hoffm.）Benth. et Hook. f. ex Franch.

白花丹科 Plumbaginaceae

二色补血草 *Limonium bicolor*（Bunge）Kuntze

山茱萸科 Cornaceae

毛梾 *Cornus walteri* Wangerin

报春花科 Primulaceae

矮桃 *Lysimachia clethroides* Duby

木樨科 Oleaceae

连翘 *Forsythia suspensa*（Thunb.）Vahl

夹竹桃科 Apocynaceae

萝藦 *Metaplexis japonica*

杠柳 *Periploca sepium* Bunge

地梢瓜 *Cynanchum thesioides*（Freyn）K. Schum.

紫草科 Boraginaceae

附地菜 *Trigonotis peduncularis*（Trev.）Benth. ex Baker et Moore

田紫草 *Lithospermum arvense* L.

旋花科 Calystegia

打碗花 *Calystegia hederacea* Wall.

田旋花 *Convolvulus arvensis* L.

番薯 *Ipomoea batatas*（L.）Lamarck

唇形科 Lamiaceae

活血丹 *Glechoma longituba*

益母草 *Leonurus japonicus*

錾菜 *Leonurus pseudomacranthus* Kitagawa

夏枯草 *Prunella vulgaris*

地笋 *Lycopus lucidus*

紫苏 *Perilla frutescens*

薄荷 *Mentha canadensis*

留兰香 *Mentha spicata* L.

香薷 *Elsholtzia ciliata*

藿香 *Agastache rugosa*

宝盖草 *Lamium amplexicaule* L.

野芝麻 *Lamium barbatum* Sieb. et Zucc.

黄荆 *Vitex negundo* L.

牡荆 *Vitex negundo* var. *cannabifolia*（Sieb. et Zucc.）Hand.-Mazz.

海州常山 *Clerodendrum trichotomum*

茄科 Solanaceae

枸杞 *Lycium chinense*

苦蘵 *Physalis angulata* L.

龙葵 *Solanum nigrum* L.

挂金灯 *Alkekengi officinarum* var. *franchetii*（Mast.）R. J. Wang

列当科 Orobanchacea

地黄 *Rehmannia glutinosa*

返顾马先蒿 *Pedicularis resupinata* L.

玄参科 Scrophulariaceae

婆婆纳 *Veronica polita* Fries

白花泡桐 *Paulownia fortunei*（Seem.）Hemsl.

紫葳科 Bignoniaceae

梓树 *Catalpa ovata* G. Don

茜草科 Rubiaceae

猪殃殃 *Galium spurium* L.

鸡矢藤 *Paederia foetida* L.

车前科 Plantaginaceae

大车前 *Plantago major*

车前 *Plantago asiatica* L.

平车前 *lantago depressa*

北水苦荬 *Veronica anagallis-aquatica*

忍冬科 Caprifoliaceae

败酱草 *Patrinia scabiosifolia*

接骨草 *Sambucus javanica* Blume

接骨木 *Sambucus williamsii* Hance

桔梗科 Campanulacea

桔梗 *Platycodon grandiflorus*

党参 *Codonopsis pilosula*

羊乳 *Codonopsis lanceolata*（Sieb. et Zucc.）Trautv.

荠苨 *Denophora trachelioides* Maxim.

轮叶沙参 *Adenophora tetraphylla*（Thunb.）Fisch.

牻牛儿苗科 Geraniaceae

老鹳草 *Geranium wilfordii* Maxim.

菊科 Asteraceae

东风菜 *Aster scabra* Moench

马兰 *Aster indicus*

鳢肠 *Eclipta prostrata*

野菊 *Chrysanthemum indicum*

拟鼠麴草 *Pseudognaphalium affine*

牛蒡 *Arctium lappa*

蒌蒿 *Artemisia selengensis*

牡蒿 *Artemisia japonica* Thunb.

野艾蒿 *Artemisia lavandulifolia*

刺儿菜 *Cirsium arvense* var. *integrifolium*

泥胡菜 *Hemisteptia lyrata*

华北鸦葱 *Scorzonera albicaulis* Bunge

桃叶鸦葱 *Scorzonera sinensis*

鸦葱 *Scorzonera austriaca* Willd.

黄鹌菜 *Youngia japonica*

蒲公英 *Taraxacum mongolicum*

中华苦荬菜 *xeris chinensis*（Thunb.）Nakai

苣荬菜 *Sonchus wightianus*

苦苣菜 *Sonchus oleraceus*

山莴苣 *Lactuca sibirica*

尖裂假还阳参 *Crepidiastrum sonchifolium*

茵陈蒿 *Artemisia capillaris*

菊芋 *Helianthus tuberosus*

款冬 *Tussilago farfara*

紫菀 *Aster tataricus*

三脉紫菀 *Aster trinervius* subsp. *ageratoides*（Turczaninow）Grierson

钻叶紫菀 *Symphyotrichum subulatum*（Michx.）G. L. Nesom

小花鬼针草 *Bidens parviflora* Willd.

婆婆针 *Bidens bipinnata* L.

鬼针草 *Bidens pilosa* L.

节毛飞廉 *Carduus acanthoides* L.

苍术 *Atractylodes lancea*（Thunb.）DC.

豨莶 *Sigesbeckia orientalis* Linnaeus

鼠曲草 *Pseudognaphalium affine*（D. Don）Anderberg

石胡荽 *Centipeda minima*（L.）A. Br. et Aschers.

小飞蓬 *Erigeron canadensis* L.

兔儿伞 *Syneilesis aconitifolia*（Bunge）Maxim.

香蒲科 Typhaceae

香蒲 *Typha orientalis* Presl

小香蒲 *Typha minima* Funk

水烛 *Typha angustifolia* L.

眼子菜科 Potamogetonaceae

眼子菜 *Potamogeton distinctus* A. Bennett

菹草 *Potamogeton crispus* L.

睡菜科 Menyanthaceae

荇菜 *Nymphoides peltata*（S. G. Gmelin）Kuntze

泽泻科 Alismataceae

野慈姑 *Sagittaria trifolia*

禾本科 Poaceae

芦苇 *Phragmites australis*

白茅 *Imperata cylindrica*

牛筋草 *Eleusine indica*（L.）Gaertn.

狗牙根 *Cynodon dactylon*（L.）Pers.

鹅观草 *Elymus kamoji*（Ohwi）S. L. Chen
稗 *Echinochloa crus-galli*（L.）P. Beauv.
茅根 *Perotis indica*（L.）Kuntze

鸭跖草科 Commelinacea
鸭跖草 *Commelina communis*
饭包草 *Commelina bengalensis*

雨久花科 Pontederiaceae
鸭舌草 *Monochoria vaginalis*

阿福花科 Asphodelaceae
黄花菜 *Hemerocallis citrina*
小黄花菜 *Hemerocallis minor* Mill.
小萱草 *Hemerocallis dumortieri* Morr.

天门冬科 Asparagaceae
黄精 *Polygonatum sibiricum*
玉竹 *Polygonatum odoratum*
鹿药 *Maianthemum japonicum*（A. Gray）LaFrankie
麦冬 *Ophiopogon japonicus*（L. f.）Ker-Gawl.
天门冬 *Asparagus cochinchinensis*（Lour.）Merr.

石蒜科 Amaryllidaceae
薤白 *Allium macrostemon*
长梗韭 *Allium neriniflorum*（Herb.）G. Don
野韭 *Allium ramosum*
山韭 *Allium senescens*
茖葱 *Allium victorialis*
黄花葱 *Allium condensatum* Turcz.

菝葜科 Smilacaceae
牛尾菜 *Smilax riparia* A. DC.

鸢尾科 Iridaceae

马蔺 *Iris lactea* Pall.

百合科 Liliaceae

山丹 *Lilium pumilum*
卷丹 *Lilium tigrinum* Ker Gawler

薯蓣科 Dioscoreaceae

薯蓣 *Dioscorea polystachya*

第十四章　有毒植物资源

第一节　概　况

安阳地区有毒植物资源丰富,据调查统计,该地区分布有有毒植物资源83 种(含亚种、变种及变型),它们分属 63 科(见表 14-1)。

表 14-1　安阳地区有毒植物资源种类

序号	科	种	说明
1	石松科 Lycopodiaceae	1	市
2	碗蕨科 Dennstaedtiaceae	1	
3	肿足蕨科 Hypodematiaceae	1	
4	鳞毛蕨科 Dryopteridaceae	1	
5	木贼科 Equisetaceae	3	
6	银杏科 Ginkgoaceae	1	
7	柏科 Cupressaceae	1	
8	金粟兰科 Chloranthaceae	1	
9	胡桃科 Juglandaceae	2	
10	壳斗科 Fagaceae	1	
11	荨麻科 Urticaceae	6	
12	马兜铃科 Aristolochiaceae	2	
13	蓼科 Polygonaceae	5	
14	苋科 Amaranthaceae	3	
15	商陆科 Phytolaccaceae	1	
16	石竹科 Caryophyllaceae	3	
17	毛茛科 Ranunculaceae	15	
18	木通科 Lardizabalaceae	1	
19	小檗科 Berberidaceae	1	
20	防己科 Menispermaceae	2	
21	五味子科 Schisandraceae	1	

续表 14-1

序号	科	种	说明
22	罂粟科 Papaveraceae	7	
23	十字花科 Brassicaceae	4	
24	景天科 Crassulaceae	2	
25	虎耳草科 Saxifragaceae	1	
26	蔷薇科 Rosaceae	3	
27	豆科 Fabaceae	11	
28	酢浆草科 Oxalidaceae	1	
29	蒺藜科 Zygophyllaceae	1	
30	芸香科 Rutaceae	1	
31	苦木科 Simaroubaceae	2	
32	楝科 Meliaceae	1	
33	大戟科 Euphorbiaceae	7	
34	漆树科 Anacardiaceae	4	
35	卫矛科 Celastraceae	4	
36	凤仙花科 Balsaminaceae	1	
37	鼠李科 Rhamnaceae	3	
38	伞形科 Apiaceae	4	
39	山茱萸科 Cornaceae	2	
40	杜鹃花科 Ericaceae	1	
41	木樨科 Oleaceae	2	
42	夹竹桃科 Apocynaceae	8	
43	旋花科 Convolvulaceae	5	
44	紫草科 Boraginaceae	1	
45	叶下珠科 Phyllanthaceae	3	
46	唇形科 Lamiaceae	5	
47	茄科 Solanaceae	8	
48	瑞香科 Thymelaeaceae	2	
49	列当科 Orobanchaceae	2	
50	透骨草科 Phrymaceae	1	
51	紫葳科 Bignoniaceae	2	
52	茜草科 Rubiaceae	1	
53	车前科 Plantaginaceae	1	

续表 14-1

序号	科	种	说明
54	五福花科 Adoxaceae	2	
55	桔梗科 Campanulaceae	1	
56	菊科 Asteraceae	13	
57	天南星科 Araceae	4	
58	菖蒲科 Acoraceae	1	
59	鸭跖草科 Commelinaceae	1	
60	鸢尾科 Iridaceae	1	
61	藜芦科 Melanthiaceae	5	
62	阿福花科 Asphodelaceae	2	
63	石蒜科 Amaryllidaceae	2	

第二节　安阳地区主要有毒植物简介

一、石龙芮　*Ranunculus sceleratus* L.

形态特征:毛茛科一年生草本。茎直立。基生叶多数;叶片肾状圆形,基部心形,3 深裂不达基部。茎生叶多数,下部叶与基生叶相似;上部叶较小,3 全裂,裂片披针形至线形,全缘。聚伞花序有多数花;花小,花瓣 5,倒卵形,黄色。聚合果长圆形;瘦果极多数,倒卵球形。花果期 5—8 月。

分布范围:产于全国各地。安阳地区有分布。

植物毒性:全草含原白头翁素,有毒。

二、小果博落回　*Macleaya microcarpa*（Maxim.）Fedd

形态特征:罂粟科直立草本,基部木质化,具乳黄色浆汁。茎通常淡黄绿色,光滑,多白粉,中空,上部多分枝。单叶互生,叶片宽卵形或近圆形,基部心形,通常 7 或 9 深裂或浅裂。大型圆锥花序多花,生于茎和分枝顶端。蒴果近圆形。种子 1 枚,卵珠形。花果期 6—10 月。

分布范围:产于山西东、江苏、江西、河南、湖北、陕西、甘肃等地。安阳地区有分布。

植物毒性:全草有毒,也可作农药。

三、乳浆大戟　*Euphorbia pekinensis* Rupr.

形态特征：大戟科多年生草本。茎单生或丛生，单生时自基部多分枝；不育枝常发自基部，较矮，有时发自叶腋。叶线形至卵形；不育枝叶常为松针状；总苞叶 3~5 枚，与茎生叶同形；伞幅 3~5；苞叶 2 枚，常为肾形。花序单生于二歧分枝的顶端。蒴果三棱状球形，花柱宿存。种子卵球状，成熟时黄褐色；种阜盾状，无柄。花果期 4—10 月。

分布范围：产于全国各地。安阳地区有分布。

植物毒性：根有毒。

四、漆　*Toxicodendron vernicifluum*（Stokes）F. A. Barkl.

形态特征：漆树科落叶乔木，树皮灰白色，粗糙，呈不规则纵裂。奇数羽状复叶互生，常螺旋状排列；小叶膜质至薄纸质，卵形或卵状椭圆形或长圆形。圆锥花序长与叶近等长；花黄绿色。果序下垂，核果肾形或椭圆形。花期 5—6 月，果期 7—10 月。

分布范围：产于除东北、新疆外全国各地。安阳地区有分布。

植物毒性：叶有毒。

五、苦皮藤　*Celastrus angulatus* Maxim.

形态特征：卫矛科藤状灌木；小枝常具纵棱，皮孔密生。单叶互生，叶大，近革质，长方阔椭圆形、阔卵形、圆形。聚伞圆锥花序顶生；花瓣长方形。蒴果近球状；种子椭圆状。花果期 5—9 月。

分布范围：产于华北以南地区。安阳地区有分布。

植物毒性：根皮及茎皮有毒。

六、照山白　*Rhododendron micranthum* Turcz.

形态特征：杜鹃花科常绿灌木。幼枝被鳞片及细柔毛。叶近革质，倒披针形、长圆状椭圆形至披针形，上面深绿色，有光泽，常被疏鳞片，下面黄绿色，被淡或深棕色有宽边的鳞片；花冠钟状，花裂片 5，白色。蒴果长圆形，被疏鳞片。花期 5—6 月，果期 8—11 月。

分布范围：产于东北、华北、西北华中等地区。安阳地区有分布。

植物毒性：全株有剧毒，幼叶毒性更强。

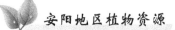

七、毒芹 *Cicuta virosa* L.

形态特征:伞形科多年生粗壮草本。茎单生,直立,圆筒形,中空,有条纹。基生叶叶鞘膜质,抱茎;叶片轮廓呈三角形或三角状披针形,2～3回羽状分裂;较上部的茎生叶有短柄,叶片的分裂形状如同基生叶;最上部的茎生叶1～2回羽状分裂。复伞形花序顶生或腋生;花瓣白色,倒卵形或近圆形。分生果近卵圆形。花果期7—8月。

分布范围:产于除东北、西北等少数省区外广大地区。安阳地区有分布。

植物毒性:全株有毒。

八、一把伞南星 *Arisaema erubescens*(Wall.)Schott

形态特征:天南星科植物。块茎扁球形。叶1,极稀2,叶柄长可达80 cm,中部以下具鞘,鞘部粉绿色,上部绿色,有时具褐色斑块;叶片放射状分裂,裂片无定数;幼株少则3～4枚,多年生植株有多至20枚的,常1枚上举,余放射状平展,披针形、长圆形至椭圆形,无柄,长渐尖,具线形长尾。花序柄比叶柄短,直立,果时下弯或否。佛焰苞绿色,背面有清晰的白色条纹。肉穗花序单性。果序柄下弯或直立,浆果红色,种子1～2粒,球形,淡褐色。花期5—7月,果9月成熟。

分布范围:产于全国各地。安阳地区有分布。

植物毒性:全株有毒。

九、曼陀罗 *Datura stramonium* L.

形态特征:茄科草本或半灌木状。茎粗壮,圆柱状,下部木质化。单叶互生,叶广卵形,顶端渐尖,基部不对称楔形,边缘有不规则波状浅裂。花单生于枝杈间或叶腋,直立,有短梗;花冠漏斗状,下半部带绿色,上部白色或淡紫色。蒴果直立生,卵状,表面生有坚硬针刺或有时无刺而近平滑。种子卵圆形,黑色。花期6—10月,果期7—11月。

分布范围:产于全国各地。安阳地区有分布。

植物毒性:全株有毒。

十、毛曼陀罗 *Datura inoxia* Miller

形态特征:茄科一年生草本或亚灌木状。单叶互生,叶宽卵形,先端尖,基部近圆,不对称,全缘微波状或疏生不规则缺齿;花冠长漏斗状,下部淡绿色,上部白色,喇叭状,边缘具尖头;蒴果俯垂,近球形或卵球形,密被细刺及白色柔毛;种子扁肾形。花期6—10月,果期7—11月。

分布范围:产于华北、华中、华东等地区。安阳地区有分布。

植物毒性:全株有毒。

第三节 安阳地区有毒植物名录

石松科 Lycopodiaceae
石松 *Lycopodium japonicum* Thunb. ex Murray

碗蕨科 Dennstaedtiaceae
蕨 *Pteridium aquilinum* var. *latiusculum*(Desv.)Underw. ex Heller

肿足蕨科 Hypodematiaceae
肿足蕨 *Hypodematium crenatum*(Forssk.)Kuhn

鳞毛蕨科 Dryopteridaceae
贯众 *Cyrtomium fortunei* J. Sm.

木贼科 Equisetaceae
问荆 *Equisetum arvense* L.
节节草 *Equisetum ramosissimum* Desf.
木贼 *Equisetum hyemale* L.

银杏科 Ginkgoaceae
银杏 *Ginkgo biloba* L.

柏科 Cupressaceae
侧柏 *Platycladus orientalis*(L.)Franco

金粟兰科 Chloranthaceae
银线草 *Chloranthus japonicus* Sieb.

胡桃科 Juglandaceae

胡桃 *Juglans regia* L.

胡桃楸 *Juglans mandshurica* Maxim.

壳斗科 Fagaceae

槲树 *Quercus dentata* Thunb.

荨麻科 Urticaceae

蝎子草 *Girardinia diversifolia* subsp. *suborbiculata*

大蝎子草 *Girardinia diversifolia* (Link) Friis

艾麻 *Laportea cuspidata* (Wedd.) Friis

珠芽艾麻 *Laportea bulbifera* (Sieb. et Zucc.) Wedd.

狭叶荨麻 *Urtica angustifolia* Fisch. ex Hornem.

宽叶荨麻 *Urtica laetevirens* Maxim.

马兜铃科 Aristolochiaceae

北马兜铃 *Aristolochia contorta* Bunge

木通马兜铃 *Aristolochia manshuriensis* Kom

蓼科 Polygonaceae

皱叶酸模 *Rumex crispus* L.

珠芽蓼 *Polygonum viviparum* L.

戟叶蓼 *Polygonum thunbergii* Sieb. et Zucc.

水蓼 *Polygonum hydropiper* L.

酸模 *Rumex acetosa* L.

苋科 Amaranthaceae

土荆芥 *Dysphania ambrosioides* (Linnaeus) Mosyakin & Clemants

牛膝 *Achyranthes bidentata* Blume

藜 *Chenopodium album* L.

商陆科 Phytolaccaceae
商陆 *Phytolacca acinosa* Roxb.

石竹科 Caryophyllaceae
蚤缀 *Arenaria serpyllifolia* Linn.
繁缕 *Stellaria media*（L.）Villars
麦蓝菜 *Vaccaria hispanica*（Miller）Rauschert

毛茛科 Ranunculaceae
牛扁 *Aconitum barbatum* var. *puberulum* Ledeb.
北乌头 *Aconitum kusnezoffii* Reichb.
白头翁 *Pulsatilla chinensis*（Bunge）Regel
茴茴蒜 *Ranunculus chinensis* Bunge
石龙芮 *Ranunculus sceleratus* L.
毛茛 *Ranunculus japonicus* Thunb.
短尾铁线莲 *Clematis brevicaudata* DC.
钝萼铁线莲 *Clematis peterae* Hand.-Mazz.
大火草 *Anemone tomentosa*（Maxim.）Pei
毛蕊银莲花 *Anemone cathayensis* var. *hispida* Tamura
瓣蕊唐松草 *Thalictrum petaloideum* L.
华北耧斗菜 *Aquilegia yabeana* Kitag.
还亮草 *Delphinium anthriscifolium* Hance
金莲花 *Trollius chinensis* Bunge
类叶升麻 *Actaea asiatica* Hara

木通科 Lardizabalaceae
三叶木通 *Akebia trifoliata*（Thunb.）Koidz.

小檗科 Berberidaceae
淫羊藿 *Epimedium brevicornu* Maxim.

防己科 Menispermaceae
木防己 *Cocculus orbiculatus*（L.）DC.

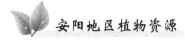

蝙蝠葛 *Menispermum dauricum* DC.

五味子科 Schisandraceae
五味子 *Schisandra chinensis* (Turcz.) Baill.

罂粟科 Papaveraceae
博落回 *Macleaya cordata* (Willd.) R. Br.
小果博落回 *Macleaya microcarpa* (Maxim.) Fedde
秃疮花 *Dicranostigma leptopodum* (Maxim.) Fedde
角茴香 *Hypecoum erectum* L.
白屈菜 *Chelidonium majus* L.
紫堇 *Corydalis edulis* Maxim.
地丁草 *Corydalis bungeana* Turcz.

十字花科 Brassicaceae
独行菜 *Lepidium apetalum* Willdenow
小花糖芥 *Erysimum cheiranthoides* L.
播娘蒿 *Descurainia sophia* (L.) Webb ex Prantl
遏蓝菜 *Thlaspi arvense* L.

景天科 Crassulaceae
瓦松 *Orostachys fimbriata* (Turczaninow) A. Berger
佛甲草 *Sedum lineare* Thunb.

虎耳草科 Saxifragaceae
虎耳草 *Saxifraga stolonifera* Curt.

蔷薇科 Rosaceae
石楠 *Photinia serratifolia* (Desfontaines) Kalkman
山杏 *Armeniaca sibirica* (L.) Lam.
李 *Prunus salicina* Lindl.

豆科 Fabaceae

苦参 *Sophora flavescens* Alt.

皂荚 *Gleditsia sinensis* Lam.

槐 *Styphnolobium japonicum*（L.）Schott

天蓝苜蓿 *Medicago lupulina* L.

草木犀 *Melilotus officinalis*（L.）Pall.

白花草木犀 *Melilotus albus* Desr.

达乌里黄耆 *Astragalus dahuricus*（Pall.）DC.

黄毛棘豆 *Oxytropis ochrantha* Turcz.

杭子梢 *Campylotropis macrocarpa*（Bge.）Rehd.

山槐 *Albizia kalkora*（Roxb.）Prain

锦鸡儿 *Caragana sinica*（Buc'hoz）Rehd.

酢浆草科 Oxalidaceae

酢浆草 *Oxalis corniculata* L.

蒺藜科 Zygophyllaceae

蒺藜 *Tribulus terrestris*

芸香科 Rutaceae

野花椒 *Zanthoxylum simulans* Hance

苦木科 Simaroubaceae

臭椿 *Ailanthus altissima*（Mill.）Swingle

苦树 *Picrasma quassioides*（D. Don）Benn.

楝科 Meliaceae

楝 *Melia azedarach* L.

大戟科 Euphorbiaceae

泽漆 *Euphorbia helioscopia* L.

大戟 *Euphorbia pekinensis* Rupr.

乳浆大戟 *Euphorbia pekinensis* Rupr.

狼毒大戟 *Euphorbia fischeriana* Steud.

蓖麻 *Ricinus communis* L.

地锦草 *Euphorbia humifusa* Willd.

乌桕 *Triadica sebifera*（Linnaeus）Small

漆树科 Anacardiaceae

盐肤木 *Rhus chinensis* Mill.

野漆 *Toxicodendron succedaneum*（L.）O. Kuntze

漆树 *Toxicodendron vernicifluum*（Stokes）F. A. Barkl.

黄连木 *Pistacia chinensis* Bunge

卫矛科 Celastraceae

南蛇藤 *Celastrus orbiculatus* Thunb.

苦皮藤 *Celastrus angulatus* Maxim.

白杜 *Euonymus maackii* Rupr

卫矛 *Euonymus alatus*（Thunb.）Sieb.

凤仙花科 Balsaminaceae

水金凤 *Impatiens noli-tangere* L.

鼠李科 Rhamnaceae

酸枣 *Ziziphus jujuba* var. *spinosa*（Bunge）Hu ex H. F. Chow.

鼠李 *Rhamnus davurica* Pall.

锐齿鼠李 *Rhamnus arguta* Maxim.

伞形科 Apiaceae

蛇床 *Cnidium monnieri*（L.）Cuss.

毒芹 *Cicuta virosa* L.

黑柴胡 *Bupleurum smithii* Wolff

白芷 *Angelica dahurica*（Fisch. ex Hoffm.）Benth. et Hook. f. ex Franch. e

山茱萸科 Cornaceae

八角枫 *Alangium chinense*（Lour.）Harms

瓜木 *Alangium platanifolium*（Sieb. et Zucc.）Harms

杜鹃花科 Ericaceae
照山白 *Rhododendron micranthum* Turcz.

木樨科 Oleaceae
女贞 *Ligustrum lucidum* Ait.
迎春花 *Jasminum nudiflorum* Lindl.

夹竹桃科 Apocynaceae
杠柳 *Periploca sepium* Bunge
罗布麻 *Apocynum venetum* L.
络石 *Trachelospermum jasminoides*（Lindl.）Lem.
牛皮消 *Cynanchum auriculatum* Royle ex Wight
竹灵消 *Cynanchum inamoenum*（Maxim.）Loes.
萝藦 *Metaplexis japonica*（Thunb.）Makino
白薇 *Cynanchum atratum* Bunge
夹竹桃 *Nerium oleander* L.

旋花科 Convolvulaceae
藤长苗 *Calystegia pellita*（Ledeb.）G. Don
打碗花 *Calystegia hederacea* Wall.
圆叶牵牛 *Ipomoea purpurea* Lam.
牵牛 *pomoea nil*（Linnaeus）Roth
菟丝子 *Cuscuta chinensis* Lam.

紫草科 Boraginaceae
柔弱斑种草 *Bothriospermum zeylanicum*（J. Jacquin）Druce

叶下珠科 Phyllanthaceae
一叶萩 *Flueggea suffruticosa*（Pall.）Baill.
雀儿舌头 *Leptopus chinensis*（Bunge）Pojark.
蜜柑草 *Phyllanthus ussuriensis* Rupr. et Maxim.

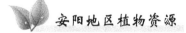

唇形科 Lamiaceae

夏至草 *Lagopsis supina*（Steph. ex Willd.）Ik.-Gal. ex Knorr.

臭牡丹 *Clerodendrum bungei* Steud.

海州常山 *Clerodendrum trichotomum* Thunb.

筋骨草 *Ajuga ciliata* Bunge

益母草 *Leonurus japonicus* Houttuyn

茄科 Solanaceae

酸浆 *Alkekengi officinarum* Moench

挂金灯 *Alkekengi officinarum* var. *franchetii*（Mast.）R. J. Wang

龙葵 *Solanum nigrum* L.

白英 *Solanum lyratum* Thunberg

野海茄 *Solanum japonense* Nakai

曼陀罗 *Datura stramonium* L.

毛曼陀罗 *Datura inoxia* Miller

洋金花 *Datura metel* L.

瑞香科 Thymelaeaceae

狼毒 *Stellera chamaejasme* L.

河朔荛花 *Wikstroemia chamaedaphne* Meisn.

列当科 Orobanchaceae

地黄 *Rehmannia glutinosa*（Gaert.）Libosch. ex Fisch. et Mey.

返顾马先蒿 *Pedicularis resupinata* L.

透骨草科 Phrymaceae

透骨草 *Phryma leptostachya* subsp. *asiatica*

紫葳科 Bignoniaceae

梓 *Catalpa ovata* G. Don

角蒿 *Incarvillea sinensis* Lam.

茜草科 Rubiaceae

鸡矢藤 *Paederia foetida* L.

车前科 Plantaginaceae

车前草 *Plantago asiatica* L.

五福花科 Adoxaceae

接骨木 *Sambucus williamsii* Hance

接骨草 *Sambucus javanica* Blume

桔梗科 Campanulaceae

桔梗 *Platycodon grandiflorus*（Jacq.）A. DC.

菊科 Asteraceae

苍耳 *Xanthium strumarium* L.

旋覆花 *Inula japonica* Thunb.

烟管头草 *Carpesium cernuum* L.

金挖耳 *Carpesium divaricatum* Sieb. et Zucc.

天名精 *Carpesium abrotanoides* L.

白头婆 *Eupatorium japonicum* Thunb.

腺梗豨莶 *Sigesbeckia pubescens*（Makino）Makino

豨莶 *Sigesbeckia orientalis* Linnaeus

狼杷草 *Bidens tripartita* L.

林荫千里光 *Senecio nemorensis* L.

翅果菊 *Pterocypsela indica*（L.）Shih

艾 *Artemisia argyi* Lévl. et Van.

北苍术 *Atractylodes lancea*（Thunb.）DC.

天南星科 Araceae

半夏 *Pinellia ternata*（Thunb.）Breit.

虎掌 *Pinellia pedatisecta* Schott

独角莲 *Sauromatum giganteum*（Engler）Cusimano & Hetterscheid

一把伞南星 *Arisaema erubescens*（Wall.）Schott

菖蒲科 Acoraceae

菖蒲 *Acorus calamus* L.

鸭跖草科 Commelinaceae

鸭跖草 *Commelina communis* L.

鸢尾科 Iridaceae

鸢尾 *Iris tectorum* Maxim.

藜芦科 Melanthiaceae

藜芦 *Veratrum nigrum* L.

北重楼 *Paris verticillata* M.-Bieb.

天门冬科 *Asparagaceae*

玉竹 *Polygonatum odoratum*（Mill.）Druce

绵枣儿 *Barnardia japonica*（Thunberg）Schultes & J. H. Schultes

阿福花科 Asphodelaceae

萱草 *Hemerocallis fulva*（L.）L.

小黄花菜 *Hemerocallis minor* Mill.

石蒜科 Amaryllidaceae

矮韭 *Allium anisopodium* Ledeb.

薤白 *Allium macrostemon* Bunge

参 考 文 献

[1] 叶永忠,路纪琪,赵利新,等.河南太行山猕猴国家级自然保护区(焦作段)科学考察集[M].郑州:河南科学技术出版社,2015.

[2] 王印政,张树仁,赵宏,等.云台山植物[M].郑州:河南科学技术出版社,2012.

[3] 辛泽华,张子健,范喜梅,等.焦作植物志[M].西安:地图出版社,2002.

[4] 中国科学院中国植物志编辑委员会.中国植物志[M].北京:科学出版社,1999.

[5] 穆丹,梁英辉.紫苞鸢尾在佳木斯地区引种栽培研究[J].安徽农学通报,2013(16):120-121.

[6] 刘莹,孙跃枝,田转运.太行菊的生物学特性及保护利用[J].湖北农业科学,2012(17):3775-3776.

[7] 周敏,刘基男.认识中国植物:西南分册[M].广州:广东科技出版社,2018:125.

[8] 张颖,贾志斌,杨持.百里香无性系的克隆生长特征[J].植物生态学报,2007,31(4):630-636.

[9] 李冬青.宽叶苔草园林观赏栽培技术及应用初步研究[J].黑龙江科技信息,2013(31):251.

[10] 杨化峰.核桃楸苗木人工繁育技术[J].现代农业研究,2015(3):47.

[11] 陈德华.优良绿化植物——千金榆与兰邯千金榆[J].花卉,2018(5):12-13.

[12] 李令,郑道爽.栓皮栎的特征特性及栽培技术[J].现代农业科技,2010(5):189.

[13] 王丽清.大叶朴生态习性及主要用途[J].山西林业,2016(3):39-40.

[14] 张守忠.甘肃主要绿化树种识别与栽培[M].兰州:甘肃科学技术出版社,2015:80.

[15] 杨贵凤,赵朝立,杨淑芬.中国林副特产:观赏植物石竹人工栽培技术[J].中国林副特产,2013(1):52-53.

[16] 邢爱英,于桂琴,张林,等.华北耧斗菜的生物学特性及其营养成分[J].山东林业科技,1998(3):15-16.

[17] 董东平,马纯艳.太行山中段野生翠雀花的种群特征及繁殖技术[J].安徽农业科学,2012(10):6078,6085.

[18] 李祖清.花卉园艺手册[M].成都:四川科学技术出版社,2004:989-993.

[19] 刘占朝.三叶木通研究进展综述[J].河南林业科技,2005(1):20-22.